Yacón:
producción, transformación y beneficios

AF897439

Yacón:
producción, transformación y beneficios

Santiago Manuel Sáenz Torres
María Patricia Chaparro González
Laila Cristina Bernal Bechara

UNIVERSIDAD DE LA SALLE

Facultad de Ciencias Agropecuarias
Bogotá
2016

Sáenz Torres, Santiago Manuel

Yacón : producción, transformación y beneficios / Santiago Manuel Sáenz Torres, María Patricia Chaparro González, Laila Cristina Bernal Bechara. – Bogotá : Universidad de La Salle, 2016

228 páginas : fotos, gráficas ; 16 x 23 cm.

Incluye índice de contenido

1. Yacón - Cultivo 2. Yacón - Producción agrícola I. Chaparro González, María Patricia, autora II. Bernal Bechara, Laila Cristina, autora III. Tít.

635.2 cd 21 ed.

A1556493

CEP-Banco de la República-Biblioteca Luis Ángel Arango

Autores:
Santiago Manuel Sáenz Torres
María Patricia Chaparro González
Laila Cristina Bernal Bechara

ISBN: 978-958-5400-07-8
e-ISBN: 978-958-5400-08-5

© Primera edición, Bogotá D. C., noviembre de 2016

Edición:
Oficina de Publicaciones
Sede Chapinero, Cra. 5 # 59A-44, Bogotá, Colombia
Teléfono: (571) 3 48 8000 exts.: 1224-1225
publicaciones@lasalle.edu.co

Dirección general
Guillermo Alberto González Triana

Coordinación editorial
Andrea del Pilar Sierra

Corrección de estilo
María del Mar Agudelo

Diagramación
William Yesid Naizaque Ospina

Diseño de carátula
William Yesid Naizaque Ospina

Fotografía de carátula
Javier Torres

Impresión
CMYK Diseño e Impresos SAS

Queda prohibida la reproducción total o parcial
de este libro por cualquier procedimiento, conforme
a lo dispuesto por la ley.

Impreso y hecho en Colombia
Printed and made in Colombia

Contenido

Lista de figuras

Capítulo 1. El yacón: un regalo de la biodiversidad andina

Capítulo 2. Aspectos agronómicos de la producción de yacón

Capítulo 3. Manejo de la poscosecha

Lista de tablas

Capítulo 4. Utilización potencial del yacón en producción animal

Capítulo 5. Hacia una agenda investigativa en yacón

Lista de fotografías

Capítulo 1. El yacón: un regalo de la biodiversidad andina

Capítulo 2. Aspectos agronómicos de la producción de yacón

Capítulo 3. Manejo de la poscosecha

Capítulo 4. Utilización potencial del yacón en producción animal

Capítulo 5. Hacia una agenda investigativa en yacón

Agradecimiento

Los autores expresan su agradecimiento a las siguientes personas, por el apoyo y facilidades brindadas durante el desarrollo del trabajo:

Claudia Patricia Álvarez Ochoa, MBA. Directora del Programa de Administración de Agronegocios, Universidad de La Salle, Bogotá, Colombia.

Vidal Villagómez Mg. Sc. Exdirector del Programa Tuberosas, Universidad Nacional Agraria La Molina, Lima, Perú.

Francisco Franco Mg. Sc. Investigador en Agroecología. Risaralda, Colombia.

Luis Miguel Triviño. Planta de Alimentos, Universidad de La Salle, Bogotá, Colombia.

Clemente Rivera Pérez. Auxiliar de campo del Programa de Administración de Agronegocios, Universidad de La Salle, Bogotá, Colombia.

Julio Otálora MV. Administrador del Centro de Investigación y Capacitación San Miguel, Universidad de La Salle, Bogotá, Colombia.

Asimismo, un saludo especial a los profesores investigadores y estudiantes de los programas académicos de Administración de Agronegocios, Zootecnia, Ingeniería Agronómica, Medicina Veterinaria e Ingeniería de Alimentos de la Universidad de La Salle, que de una u otra manera han creído en las potencialidades de este importante recurso genético y han considerado introducirlo en sus proyectos de investigación o prácticas académicas.

Presentación

Scott *et al.* (2000) predicen que los cultivos de raíces y tubérculos serán un componente vital del sistema alimentario global en el mundo hacia 2020; más de dos mil millones de habitantes de Asia, África y Latinoamérica dependerán de esos cultivos para alimentarse y generar ingresos. De esos cultivos, la papa es sin lugar a dudas el aporte más conocido y difundido de la agrobiodiversidad andina a la agricultura mundial; sin embargo, no es el único cultivo ni el más relevante de la subregión.

Por ello, es fundamental identificar y priorizar el cultivo de especies vegetales con actividad validada o con demanda creciente en el mercado internacional, de la mano de la investigación agronómica, agroindustrial, fitofarmacéutica, fitoquímica, biológica y clínica, como lo propone Li (2006).

El conocimiento y aprovechamiento de otras tuberosas como el yacón (*Smallanthus sonchifolius*) son importantes para la seguridad alimentaria y como aporte a la sostenibilidad del frágil ecosistema montañoso andino y de la milenaria y variada actividad agrícola y cultural que alberga (Pastor, 2004).

En este sentido, el Centro de Investigación Innovación y Desarrollo Agroalimentario (Ciinda), de la Universidad de La Salle, explora la amplia biodiversidad genética vegetal del país, en la búsqueda de alternativas innovadoras —en especial con esta especie— que con su valor agregado puedan contribuir sustancialmente a mejorar las condiciones de vida del pequeño productor rural y a mitigar los destructivos efectos de los cultivos convencionales sobre los recursos edáficos e hídricos de la región.

Del yacón se ha escrito mucho, tanto en la Región Andina como en otras latitudes; sin embargo, a pesar de las potencialidades de esta especie, poco se ha avanzado en el proceso hacia su industrialización masiva, y más bien se ha quedado en la producción en fresco y en algunas experiencias "artesanales" de elaboración de productos de extracción primaria como mieles, jarabes, licores, entre otros.

La intención de este libro no es repetir lo que han venido diciendo muchos trabajos acerca de las características y bondades de esta generosa especie. Más bien, pretende motivar a la comunidad investigativa del país, a los nuevos profesionales del agro y a un gran número de productores a la búsqueda de alternativas innovadoras, a través del consumo en fresco y de la industrialización del yacón.

Se exponen de manera bastante sencilla, para la comunidad de lectores del agro, algunas experiencias tanto de producción agrícola, como de sus posibilidades de transformación para incursionar en el mercado de los alimentos funcionales y sus posibilidades de uso en la nutrición animal. Se demuestra la adaptabilidad y facilidad de manejo de esta planta, que puede significar un gran aporte al sector rural andino.

Mediante la presentación de fotografías en color, no solo se busca acercar más al lector al conocimiento de la especie, sino también generar inquietudes que lleven a la valoración de interesantes alternativas de producción para el desarrollo humano integral y sustentable.

Capítulo 1. El yacón: un regalo de la biodiversidad andina

Ficha técnica

Para orientar y ayudar al lector en la comprensión de este trabajo, se ha considerado la elaboración de esta ficha técnica resumida, que incluye información relevante de la especie y sus actuales y posibles aplicaciones comerciales. Parte del contenido proviene de la Norma Andina de esta especie.

Nombre botánico

Smallanthus sonchifolius (Py E) H. Rob (Asteraceae)

Norma Andina (Comité Andino de Normalización):

Para hojas de yacón: número de referencia: NA 0088:2010, Gaceta Oficial del Acuerdo de Cartagena n.° 1859 del 3 de agosto de 2010 (Comunidad Andina de Naciones, 2010).

Para raíces reservantes de yacón destinado para consumo humano directo o uso industrial: número de referencia: NA 0087: 2010, Gaceta Oficial del Acuerdo de Cartagena n.° 1859 del 3 de agosto de 2010.

Sinonimia

Villagómez (2008) menciona la siguiente sinonimia para la especie *Smallanthus sonchifolius*: piquima, jicama (Ecuador), yacón, llacón, llakuma, yakuma (Perú y Bolivia), aricoma (Bolivia). Asimismo, de acuerdo con el color de la piel de las raíces reservantes, presenta cinco ecotipos para el trapecio andino: Puka yacón (yacón rojo rosado), Yurac yacón (yacón blanco), K'ello yacón (yacón amarillo), Cheqche yacón (yacón manchado) y Culli yacón (yacón morado).

Descripción botánica

El yacón es una planta herbácea perenne, que pertenece a la familia Asteraceae. Mide de 1,5 a 3 metros de altura, y se cultiva por sus hojas, que tienen propiedades hipoglicemiantes, y por sus raíces reservantes o tuberosas, que tienen un sabor dulce y agradable. Las hojas son opuestas y nacen de nudos del tallo, de lámina triangular, de base trunca, astada o cordada (acorazonada). Tiene dos clases de flores: laterales y centrales.

El sistema radicular está compuesto por un sistema extensivo de raíces fibrosas y raíces reservantes —estas, de 4 a 20—, que pueden alcanzar un tamaño de 25 centímetros de longitud por 10 centímetros de diámetro. Por fuera, estas raíces presentan una coloración purpúrea, opaca a cremosa, y por dentro, un cuerpo carnoso anaranjado a cremoso transparente.

Las raíces reservantes, que cumplen la función de absorción y fijación, son gruesas, de forma fusiforme, ovalada o aovada; tienen cáscara delgada y muy adherida a la pulpa, la cual puede ser blanca, amarilla, anaranjada o púrpura, en distintas tonalidades. En las fotografías 1 a 6 se pueden apreciar las diversas fases del crecimiento y desarrollo del yacón.

Etimología del nombre *yacón*

El término *yacón* deriva del quechua *yakku*, que significa 'insípido', y de *unu*, que significa 'aguanoso, insípido'.

Centro de origen y dispersión de la especie

El yacón es una especie vegetal, originaria de las tierras altas de la vertiente oriental de la Región Andina, domesticada desde tiempos ancestrales por las culturas precolombinas para el consumo de sus raíces reservantes. Se le cultiva en pequeñas extensiones desde el sur de Colombia hasta el norte de Argentina, principalmente entre los 1800 y 2800 msnm.

Utilización de las raíces reservantes

Tradicionalmente, las raíces se consumen en estado fresco, solas o en ensaladas, por su sabor dulce y textura crocante. También se consumen cocidas u horneadas (luego de la cocción, estas permanecen dulces y ligeramente tostadas). En las dos últimas décadas se han procesado industrialmente para la obtención de una serie de derivados para la alimentación humana: mieles, jarabes, deshidratados, vinos, entre otros.

Clasificación de las raíces reservantes

Las raíces reservantes de yacón se clasifican en tres tipos, de acuerdo con su longitud, diámetro y peso, tal como se expone en la tabla 1.

Tabla 1. Clasificación de las raíces según largo, diámetro y peso.

Clasificación	Largo (cm)	Diámetro (cm)	Peso (g)
Tipo 1	>20	De 7 a 10	>300
Tipo 2	De 12 a 20	De 5 a 8	De 120 a 300
Tipo 3	<12	<5	<120

Fuente: elaboración propia.

Utilización de las hojas

Tanto en Perú como en Japón y Brasil, las hojas de yacón se utilizan para preparar infusiones medicinales, por sus características hipoglicemiantes. Debido a su gran producción de biomasa foliar de tallos y hojas, y a su contenido de proteína (ente 11 y 17 %), tendría un enorme potencial para la alimentación de animales mono y poligástricos (Food and Agriculture Organization [Organización de las Naciones Unidas para la Alimentación y la Agricultura], citada en Barrera, Tapia y Monteros, 2004).

Requisitos físicoquímicos para las hojas de yacón

En la tabla 2 se exponen los requisitos fisicoquímicos para las hojas de yacón, en porcentaje sobre base seca de los siguientes componentes: agua, proteína, carbohidratos, grasa y fibra.

TABLA 2. Requisitos fisicoquímicos.

COMPONENTES	PESO SOBRE BASE SECA (%)
Agua	Menor a 12
Proteína	12,2-21,76
Carbohidratos	41,68-57,38
Grasa	4,77-7,48
Fibra	11,82-13,52

Fuente: elaboración propia.

Compuestos bioactivos

En la raíz: fructooligosacáridos (FOS). También conocidos como oligofructosa u oligofructanos (GF2-GF4), son un tipo particular de azúcares de reserva que existen en varias especies de plantas. La estructura química de los FOS está basada en un esqueleto de 2 a 10 unidades de fructosa, unidas entre sí por enlaces glucosídicos, al que se puede unir una molécula de glucosa al inicio de la cadena. En las hojas: compuestos fenólicos diversos.

Productos elaborados a base de yacón

Con las raíces se elaboran bebidas, néctares, jarabes, licores (solo de yacón o de este combinado con otras especies), dulces, mieles y mermeladas; yacón deshidratado en polvo, hojuelas, galletas y encurtidos. Comercialmente, las hojas de yacón se presentan en bolsitas filtrantes, así como en cápsulas y tabletas. Un tercer paso en su transformación y valor agregado es la extracción de inulina a escala industrial.

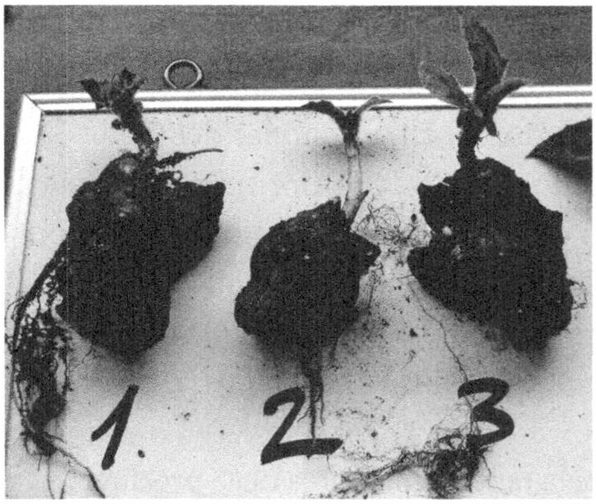

1

2

3

4

5

6

Fases del crecimiento y desarrollo del yacón:

Fotografía 1. Propágulos en brotamiento. Fotografía 2. Plántula en crecimiento. Fotografía 3. Inflorescencia. Fotografía 4. Flor. Fotografía 5. Biomasa de propágulos y raíces reservantes. Fotografía 6. Diversidad en colores, tamaños y formas de raíces reservantes.

Fuente: los autores.

Norma regional del Codex alimentarius para el yacón

Actualmente se encuentra en preparación una norma regional del Codex alimentarius. Este documento propicia la elaboración de una norma para las raíces tuberosas (de reserva o almacenamiento) de yacón ([Opep. et Ende.] H. Robinson), de la familia Asteraceae (también llamada Compositae), que se suministran frescas al consumidor tras su preparación adecuada (Organización de las Naciones Unidas para la Alimentación y la Agricultura, Organización Mundial de la Salud, 2012).

La propuesta considera que en vista de la tendencia al alza de la producción y el comercio de yacón en el ámbito regional, se hace necesario establecer normas que regulen la identidad y calidad de esta raíz tuberosa, en todos sus aspectos (valor nutritivo, inocuidad, sanidad e higiene), y que constituyan una referencia acordada por consenso regional entre los principales países que lo producen y comercializan. Además, la elaboración de una norma Codex para yacón ayudará a proteger la salud de los consumidores y a promover prácticas leales de comercio, en consonancia con los acuerdos internacionales en vigor.

Aprovechamiento del yacón

Desde tiempos inmemoriales, el yacón se ha cultivado en muchas localidades aisladas de la Región Andina, desde Ecuador y Colombia hasta el noroeste argentino (provincias de Salta y Jujuy), para consumo familiar y en cantidades mínimas.

La historia del yacón se remonta a la época preincaica e incaica (500-1200 a. C.), por su presencia gráfica en textiles y cerámicas encontradas en las ruinas de Nazca. Posteriormente, la especie aparece reportada en el listado de cultivos nativos más importantes de los Andes, hacia 1615, como un cultivo de subsistencia, importante en las festividades religiosas (Ojansivu, Ferreira y Salminen, 2011).

Hacia finales de 2000, Hermann y Manrique, investigadores del Centro Internacional de la Papa (CIP) en Perú, ganaron un concurso de innovación agroindustrial por su jarabe de yacón. A partir de aquel evento se despertó el interés nacional por esta especie, redescubierta diez años atrás por la misma entidad investigadora (CIP, 2002).

A diferencia de la casi totalidad de raíces y tubérculos que almacenan sus carbohidratos en forma de almidón, esta especie lo hace principalmente en forma de FOS, un tipo especial de azúcares cuyas características favorecen la salud humana; por ello, es considerado un alimento funcional.

Es indudable el gran auge que ha tenido esta especie andina, desde su redescubrimiento en la década de los noventa. Tal es así que Brack (2000) manifiesta la importancia del yacón como uno de los cultivos promisorios nativos del Perú, en el rubro referido a frutales tropicales y otros cultivos nativos del país, pero exóticos para los países desarrollados.

La investigación y desarrollo en torno a esta planta en la Región Andina han sido bastante prolíficos, principalmente en Perú. Una de las fortalezas ha sido la conformación de una alianza estratégica para los productos promisorios de papa y yacón entre el CIP, el Programa de Agricultura de la Agencia Suiza para el Desarrollo y Cooperación en el Perú (Pymagros) y la Asociación Nacional de Diabéticos (ADJP). Esta alianza ayudó a asignar responsabilidades de una manera óptima en el proceso de investigación para garantizar un trabajo de alta calidad (CIP UPWARD, 2003).

Otros países, como Brasil y Japón, vienen desarrollando investigaciones en torno a la genética molecular, los fitoquímicos y derivados agroindustriales. Por su parte, en Colombia se está despertando un gran interés por el redescubrimiento y aprovechamiento comercial de las especies vegetales de la biodiversidad andina. Es hora de que se incremente sustancialmente el número de especies cultivadas para la alimentación, salud y otras necesidades de la humanidad, pues es incongruente que alrededor del 90 % de los alimentos de origen vegetal procedan de apenas una decena de especies cultivadas, teniendo en cuenta su posición como segundo país megadiverso en una gran cantidad de especies vegetales.

Sin embargo, son variados los obstáculos para un verdadero desarrollo y aprovechamiento de la biodiversidad: una descoordinación y limitada capacidad de la institucionalidad colombiana al respecto; baja capacidad nacional para el desarrollo de actividades de bioprospección; desarrollo incipiente de empresas de base biotecnológica y problemas normativos para el acceso y uso a los recursos genéticos, y para la comercialización de productos biotecnológicos y fitoterapéuticos (Penagos, 2011).

Con base en lo anterior, se plantean diversas estrategias: mejorar la capacidad institucional para el desarrollo comercial de la biotecnología y de los instrumentos financieros necesarios para atraer inversiones orientadas al ámbito biotecnológico; adecuar y revisar el marco normativo existente relacionado con el acceso a los recursos genéticos y el desarrollo de medicamentos biotecnológicos y productos fitoterapéuticos, y estudiar la posibilidad de crear una empresa nacional de bioprospección. Por su parte, Casas Castañeda (2011) dice que para

Colombia se presentan los siguientes desafíos al conocer los activos y usos potenciales derivados de la biodiversidad:

1. Registro temporal y espacial de especies (¿qué biodiversidad endémica de Colombia tiene valor actual o potencial?).
2. Desarrollo endógeno de capacidad científica, técnica y tecnológica.
3. Financiación pública de investigación que resulte en invenciones de beneficio para la economía nacional.

Para un desarrollo comercial en torno a la biodiversidad, varios autores coinciden en que se deben crear, en el ámbito nacional, condiciones favorables para la captación de recursos públicos y privados. Asimismo, reglas y políticas claras en lo científico y tecnológico, basadas en el uso sostenible y en la aplicación de la biotecnología moderna sobre los recursos biológicos, genéticos y derivados de la biodiversidad.

Teniendo en cuenta el desconocimiento, entre los usuarios, de los recursos biológicos, de las normas que regulan la bioprospección en el país y de la trascendencia que puede llegar a tener la transferencia de estos recursos a terceros, el Ministerio de Ambiente de Colombia está implementando un Decreto por el cual se reglamenta el acceso a los recursos genéticos, productos derivados, conocimientos tradicionales asociados y a la distribución justa y equitativa de los beneficios derivados de su utilización, además de otras disposiciones (Rodríguez, 2011).

Para la Dirección de Desarrollo Tecnológico y Protección Sanitaria del Ministerio de Agricultura y Desarrollo Rural de Colombia, el país se encamina hacia una reglamentación del acceso a los recursos genéticos; a potenciar la investigación para aportar al cierre de brechas tecnológicas e innovación, y a la implementación de un megaproyecto de bioprospección y biotecnología para el sector agropecuario con el aporte del fondo de las regalías. La entidad estatal pondera el nuevo Conpes de Biotecnología 3697/2011 como un reto de desarrollo comercial de la biotecnología a partir del uso sostenible de la biodiversidad (Echeverry, 2011).

Según Cano (2011), para una transformación productiva de la biodiversidad colombiana, se requiere de las capacidades del sector empresarial y de la investigación, desarrollo e innovación a través de varias disciplinas. Esto debe incidir fuertemente en sectores productivos de talla mundial, como los agroecosistemas (alimentos, biocombustibles, etc.); la salud (farmacia, cosmeceútica, nutracéutica, biónica); la química verde (materiales, fibras, tintes, biopolímeros, aceites); los mercados verdes (turismo alternativo, bienes y servicios ecológicos, biotecnología), y el medioambiente (química atmosférica, purificación de aguas, biorremediación).

El yacón dentro de los alimentos funcionales

Es importante observar el yacón en el contexto de un nuevo grupo de alimentos de nueva generación en los mercados globales, debido a sus importantes aportes a la salud humana y animal (video 1). Estos son aquellos productos de origen natural, con propiedades biológicas activas, beneficiosas para la salud, por sus capacidades preventivas o terapéuticas definidas, y su contenido de proteínas, carbohidratos y aminoácidos, utilizados en la alimentación básica (Promperú, 2010).

Video 1. Noticia sobre los beneficios del yacón.

Fuente: Caracol (2013). Véase en http://www.youtube.com/watch?v=OSgxd716Xoc

Zuloaga (2009) expresa que cada vez es mayor el interés de las personas en consumir productos elaborados naturalmente. Dado el potencial del segmento de alimentos funcionales, la tendencia hacia el lanzamiento de nuevas propuestas es cada vez mayor. Según fuentes de la autora en mención, la oferta de alimentos funcionales crece a un ritmo del 16 % anual en Europa, donde la facturación alcanzó los $72.300 millones de dólares en 2008.

Béjar (2007) refiere que en el contexto latinoamericano existe un futuro promisorio para las plantas medicinales del altiplano andino, como la maca, la tara, la quinua y el yacón, con posibilidades inmediatas y a mediano plazo para su comercialización en varios mercados. Las raíces y las hojas de yacón en polvo se pueden adicionar a chocolates caseros, jarabes, elíxires y postres, para controlar saludablemente los niveles de azúcar en la sangre (Wolfe, 2009).

Manrique, Hermann y Bernet (2004), si bien afirman que el yacón es un alimento saludable que ayuda a prevenir ciertas enfermedades, aseguran que es preciso realizar estudios clínicos que comprueben estos efectos sobre la salud. Igualmente, manifiestan que hace falta investigar con más profundidad la diversidad genética del yacón, para promover variedades con ciertas ventajas para su procesamiento y uso: contenidos de FOS, rendimiento de raíces y hojas, contenido de polifenoles, entre otros.

Torres (2004) también coincide en que si bien los resultados del té de yacón son promisorios, es necesario un proceso experimental mucho más detallado y prolongado para poder evaluar plenamente la acción farmacológica de los extractos en humanos. Valentová y Ulrichová (2003) mencionan que los nutraceúticos están empezando a ser indispensables en las dietas de muchos grupos de población en la prevención y tratamiento de una serie de enfermedades crónicas. Con la ventaja de que el yacón puede cultivarse sin limitaciones climáticas en Europa, se espera que los nutraceúticos extraídos de esta planta alivien una serie de dolencias.

Sin embargo, la atribución de propiedades medicinales al yacón, sin el debido sustento científico, puede perjudicar a largo plazo sus posibilidades de comercialización, sobre todo en el extranjero. Una revisión exhaustiva de las publicaciones sobre las propiedades del yacón evidencia un vacío en la divulgación de sus efectos en la salud (Manrique, 2003).

A lo largo de diez mil años, los antiguos peruanos acumularon importantes conocimientos respecto a los usos y propiedades de las especies nativas. Como resultado de ello, el Perú conserva un registro de usos conocidos de 4400 plantas y es considerado el primer país en el mundo en cuanto a conocimiento de medicina tradicional (Promperú, 2010).

En el Perú existe un mercado especial para productos de la biodiversidad nativa del país, teniendo en cuenta el creciente interés del consumidor final por estos (y, en consecuencia, un ascendente interés de las empresas pequeñas y medianas por desarrollar productos con mayor valor agregado, dirigidos al consumidor nacional [Perú Biodiverso, 2010]). Por su parte, la exportación de cinco de estos productos de la biodiversidad ha crecido en forma sostenida en los últimos años.

Promperú (2010) confirma que un gran número de empresas peruanas está dedicado a la agroindustria del yacón en este país, y que cada vez se involucran más. En otros países de Latinoamérica se vienen desarrollando investigaciones referentes a los beneficios procedentes del cultivo de yacón. Así, en Brasil existen zonas donde se cultiva la planta, aunque están restringidas para el estado de São Paulo, pues se requirieren más investigaciones y difusión sobre las potencialidades de este alimento, promisor para su siembra en diferentes tipos de condiciones climáticas. Igualmente se requiere la implementación de técnicas y procesamientos para obtener mayores contenidos de FOS y polifenoles (Santana y Cardoso, 2008).

Cualquier esfuerzo para promocionar, a escala nacional, especies como el yacón, por sus potencialidades de alimento nutracéutico, debe estar apoyado en los estándares oficiales de agricultura y salud. Sin embargo, es precisa la implementación de políticas nacionales para el uso de productos fitofarmacéuticos en sistemas de salud, como lo recomiendan Gupta y Calderón (2006). Estos investigadores sugieren la elaboración de una lista prioritaria de plantas medicinales aprobada para su transformación industrial, así como el establecimiento de estándares de control de calidad para plantas medicinales y sus productos derivados, y la promoción de cultivo e industrialización de plantas medicinales mediante incentivos a agricultores, cooperativas, empresas e industrias.

Teniendo en cuenta esos requerimientos para el yacón, sería valorable el aporte de diversas entidades que apoyan la creación de un sistema de innovación en la cadena agroalimentaria de los sectores de alimentos funcionales en Europa y en América Latina, con el fin de identificar y desarrollar nuevos alimentos de esta naturaleza, y contribuir al desarrollo sustentable (Verástegui, 2007).

Algunas exploraciones sobre el yacón en Perú

Su difusión en el país y potencialidades para la agroexportación

Al hablar de esta especie de la biodiversidad andina, es interesante mirar lo que se viene trabajando desde las últimas décadas en este país en términos de investigación, producción de campo y transformación. El cultivo de yacón en

Perú ha sido documentado para dieciocho departamentos andinos. Entre las principales áreas de producción se encuentran los departamentos de Cajamarca, Puno, Pasco, Huánuco, Ancash y Junín, y en menor magnitud, Piura, Amazonas, Lambayeque, La Libertad, San Martín, Lima, Huancavelica, Ayacucho, Apurímac, Arequipa y Cusco. Para el 2013, la producción en toneladas métricas fue de 9007 (INEI, 2014).

En el Perú, el yacón se cultiva tradicionalmente bajo tres sistemas: monocultivo, asociado y huerto familiar. Las asociaciones son con fríjol arbustivo o semiarbustivo, maíz para choclo, tomate y repollo. Otras veces se siembra alrededor de los cultivos de papa y maíz (Machuca, 2007).

El mismo autor refiere que el número de productores que siembra yacón no alcanza más del 5 % del total de la población de cada comunidad, y que el área que destina cada productor que siembra yacón no supera el 1 % de su área agrícola total (la extensión máxima cultivada por algunos agricultores es menos de media hectárea).

Sin lugar a dudas, la zona de Perú donde más impulso ha tomado la producción de yacón es la de Oxapampa. Según referencias, hacia 2001 se empezaron los primeros cultivos comerciales de yacón bajo producción orgánica, con el auspicio del CIP y la colaboración de la Universidad Nacional Daniel Alcides Carrión (Undac), en Oxapampa.

Fue así que se formó la Asociación de Productores de Yacón Ecológico de Oxapampa, en 2002. En ese mismo año se iniciaron los trabajos de procesamiento industrial y se obtuvieron los siguientes derivados: extracto concentrado de yacón, mermelada, zumo, toffes, yacón en almíbar y hojas deshidratadas.

Esta asociación cuenta con una planta de procesamiento, en un local cedido por el Gobierno Regional del departamento de Pasco, donde se ha desarrollado la empresa Sociedad Fovo SAC, que da empleo directo a alrededor de diecisiete personas, que realizan las diversas labores de procesamiento.

El yacón se compra directamente a los proveedores inscritos en el proyecto. En las parcelas, se cosechan las raíces y se realiza una selección; luego se depositan en envases de rafia, de 50 kilogramos cada uno, los cuales se etiquetan y se llevan directamente de las fincas a la planta de procesamiento. Debido a que los productores agrícolas de la zona siembran escalonadamente cada mes, se tiene asegurada la producción, que llega a 30.000 kilogramos (1 hectárea mensual).

Teniendo en cuenta que el yacón responde a la aplicación de materia orgánica como toda raíz reservante, generalmente se recomienda el empleo de esta proveniente de las mismas fincas de los productores.

Las condiciones climáticas de Oxapampa, ubicada a 1814 msnm, se resumen en una humedad relativa promedio de 90 %, temperatura máxima de 23 a 24 °C, temperatura mínima de 12 a 13 °C, temperatura media de 18 °C, y una precipitación anual de 1200 a 1800 milímetros (Melgarejo, 1999).

Otra zona muy importante en el cultivo de yacón en Perú es el norteño departamento de Cajamarca, donde recientemente, con la ayuda de la Gesellschaft für Internationale Zusammenarbeit (GIZ, Sociedad para la Cooperación Internacional), se realizó un estudio de la cadena de este producto (Perú Biodiverso, 2013). En el referido trabajo se determinaron seis grandes eslabones: provisión de insumos, producción primaria, acopio, transformación, comercialización y consumo final en los mercados locales, nacionales y de exportación. En la ciudad de Lima se concentran las empresas procesadoras de yacón como materia prima para las transformaciones primarias y derivados.

Resulta muy interesante encontrar que las parcelas de los campesinos son la única fuente de semilla de yacón para nuevas siembras. Estos son los denominados "agricultores conservacionistas", líderes de las comunidades, quienes por muchos años han mantenido un sistema productivo tradicional de asociación y rotación de cultivos y conservación de germoplasma. Asimismo, no tienen un real estimado de los costos de producción, debido al reducido uso de insumos externos, y a que la mano de obra es familiar. Sin embargo, se estima que sea alrededor de los $2000 dólares por hectárea.

Finalmente, este estudio indica que el eslabón de la transformación sigue la rutina de toda fruta fresca: selección, almacenamiento, envasado, empaque y transporte. Esta transformación está a cargo de empresarios dedicados a la obtención de derivados: néctares, licores, mermeladas, jaleas, harina, miel, jarabes, entre otros, en procesos artesanales o propiamente industriales.

Villagómez (2010) aclara que por la experiencia de varios años de trabajo en ese país, se ha determinado que el hábitat propicio está ubicado entre 700 y 900 msnm, y que bien manejado un cultivo, la producción no debe bajar de 4 kilogramos por planta. Los excelentes rendimientos y producción de alta calidad están en función de que se trabaje con clones selectos, suelos bastante sueltos (franco-arenoso) y fertilización orgánica.

El principal destino de las exportaciones del yacón peruano es el mercado de Estados Unidos, seguido de Japón, Alemania y otros países de Europa. Se estima que la gran demanda de información sobre este producto indica el gran interés por aquel en diferentes países (Perú Biodiverso, 2013). Según la Oficina

Comercial de Perú en Miami (2012), las exportaciones peruanas de yacón se han caracterizado por una evolución creciente en los últimos años.

En cuanto a las formas o presentaciones del producto exportado a escala mundial, el yacón en polvo representó el 76 % del total de exportaciones en 2011, seguido por el jarabe de yacón (13,09 %), el yacón deshidratado (2,82 %), el extracto de yacón (1,04 %) y las cápsulas (0,51 %).

Del total de las exportaciones en volumen de yacón en 2011, el 88 % fue destinado a Estados Unidos, por lo que se le puede considerar como el principal país consumidor de este producto peruano. El monto residual estuvo repartido entre Reino Unido (3,61 %), Australia (1,91 %), Chile (1,23 %), Alemania (1,15%) y otros (4,35 %). Se resalta un aumento de 64,3 % para las exportaciones en volumen a EE. UU. con respecto a 2010.

Según el mismo documento, la presencia de yacón en el mercado estadounidense se podría clasificar entre el empleado como materia prima, o producto semiterminado para manufacturar suplementos dietéticos o alimentos funcionales, y el producto terminado, listo para su consumo.

Así, del total de productos importados en EE. UU. en 2011, procedentes de Perú, para la partida arancelaria 1106.20.90, el 10,65 % correspondió a yacón en polvo. Ese porcentaje ha crecido en los últimos años, impulsado por la demanda en el país norteamericano: 0,75%, en 2007; 0,97%, en 2008; 1,92%, en 2009; y 9,34%, en 2010.

La mecánica exportadora cumple los siguientes pasos: el exportador, en el país de origen del yacón, exporta su producto a EE. UU., a través de un importador que, en ocasiones, también es mayorista. En algunos casos, un bróker o agente independiente conocedor del sector hace de intermediario en este proceso de compraventa internacional. A partir de ahí, el importador o mayorista puede vender directamente el producto al consumidor final, o a través de un minorista, independientemente de que haya o no un proceso de manufactura o de empaque intermedio. Sin embargo, otras veces el yacón se vende a los laboratorios fabricantes de nutracéuticos (en cápsulas o pastillas, por ejemplo), antes de llegar a manos del minorista. En ambos casos, los minoristas suelen ofrecer sus productos al consumidor final a través de internet.

Finalmente, la Oficina Comercial de Perú en Miami propone los siguientes recordatorios para los exportadores peruanos que realicen envíos de yacón a EE. UU., o que tengan planeado comenzar a comercializar en un futuro próximo:

- El mercado de EE. UU. aún necesita un mayor conocimiento del producto, de sus usos y de sus potenciales beneficios para la salud.
- Existe escasez de oferta de yacón en el mercado internacional, y en EE. UU. hay importadores que encuentran dificultades para conseguir el producto con regularidad en tiempo y en volumen.
- Es necesario conocer bien el mercado y la competencia a la hora de presentar el producto y establecer precios de venta.
- Las características actuales del mercado y una tendencia a la búsqueda de estilos de vida saludables presentan una gran oportunidad para comercializar el yacón.
- Aprovechar sinergias con otros productos peruanos exportables.
- Es importante formar a los importadores sobre el manejo del producto (por ejemplo, las condiciones necesarias de climatización para el jarabe de yacón).

El consumo de yacón y sus derivados en los mercados peruanos

Es fácil para cualquier visitante encontrar en los supermercados y mercados locales de los distritos de la capital limeña raíces de yacón al lado de yuca y otras especies tuberosas. Los precios por kilogramo fluctúan entre 2,80 y 3,00 soles (alrededor de $1,00 dólar).

Una forma de consumo de yacón en Perú es como ingrediente en ensaladas de frutas y jugos, por lo que se consigue fácilmente en las juguerías o fruterías ubicadas dentro o en cercanías a los mercados de barrio. Un sinnúmero de productos a base de yacón se expende también en mercados de grandes superficies, casas naturistas, ferias y mercados ecológicos. Las presentaciones más usuales son el jarabe de yacón, la miel de yacón y las cápsulas de yacón, a precios que varían entre 5 y 15 dólares por unidad (fotografía 8).

Fotografías 7 y 8. Izquierda: góndola de supermercado de Lima, con exhibición de raíces de yacón al lado de la yuca. Derecha: frasco con jalea de yacón.

Fuente: los autores.

La Dirección General de Salud Ambiental (Digesa), organismo dependiente del Ministerio de Salud, es la encargada, en Perú, de otorgar los permisos o registros sanitarios para la puesta en el mercado nacional de alimentos y bebidas de consumo humano. Es la División de Registro Sanitario y Certificación Sanitaria de Digesa la que tiene como objetivo evaluar el cumplimiento de los lineamientos técnicos normativos y requisitos para el otorgamiento del Certificado de Registro Sanitario de Alimentos y Bebidas industrializados, sean de fabricación nacional o importada, así como generar un sistema único de codificación, sujeto a vigilancia y control sanitario.

El registro sanitario consta de las siguientes partes: 1) la empresa: identificación tributaria, dirección y teléfono, representante legal; 2) el establecimiento: ubicación geográfica exacta y los productos registrados, con el código de registro sanitario (cuadro 1); 3) el registro: la Dirección General de Salud Ambiental autoriza la inscripción o reinscripción en el Registro Sanitario de Alimentos y Bebidas de Consumo Humano de los productos descritos en el tercer ítem (Item C: alimentos y bebidas. Esta autorización de inscripción o reinscripción tiene una validez de cinco años a partir de la fecha de expedición de la resolución). Asimismo, establece las condiciones referentes a la responsabilidad solidaria de inocuidad y aptitud para el consumo humano de los productos registrados, y la identificación del producto con su número de registro, número de lote y fecha de vencimiento.

Cuadro 1. Ejemplo de producto registrado, con código de registro sanitario

YACÓN - HOJAS DE YACÓN DESHIDRATADO MOLIDO "HERBI, EL DORADO", en sobres filtrantes de papel filtro termosellable de 0,9, 1,0, 1,2 g, cajas de cartón dúplex de 20, 25, 27, 100 unidades.
Vida útil del producto: 12 meses
Código de registro sanitario: Q3408411N NACROO

Fuente: http://www.digesa.sld.pe/Expedientes/Busquedas.asp

Al hacer una revisión de los registros sanitarios de alimentos de Digesa[1], se encuentran 646 documentos vinculados a la especie yacón, los primeros con fecha de emisión: mayo de 2006, y vencimiento: mayo de 2011. Los últimos registros, al momento de la revisión de esta investigación, tienen fecha de emisión: marzo de 2012, y vencimiento: marzo de 2017.

En la misma revisión de registros sanitarios, se encontraron 102 productos con registro vigente, con vencimiento máximo en marzo de 2017 (el periodo de vigencia es por cinco años). Fueron 64 los laboratorios o agroindustrias de diversa índole que hicieron el registro de una gran variedad de productos, donde el yacón va solo o acompañado de otras especies vegetales (tabla 3).

1 Toda la información acerca de trámites y registros se lleva a cabo en el portal web que Digesa ha puesto a disposición del público: http://www.digesa.sld.pe/Expedientes/Consulta_Registro_Sanitario.aspx.

Tabla 3. Listado de productos a base de yacón aprobados por Digesa en Perú.

Productos	Empresas
Mermelada de yacón con piña, de Yaconcito	Agroin. Zonas Andinas YMSA Perú
Yacón con frutas en almíbar, de Yaconcito	
Bebida de yacón, alcachofa, noni, berenjena, sanky, estevia y cuti cuti (7 en 1), de Cosise Natural	Agroindustria Cosise Natural SAC
Yacón deshidratado en polvo, de Brangii	Agroindustria de Alimentos Branggi SAC
Bebida de noni, graviola y yacón, de Indal's Nature's	Agroindustria I&F Natures SAC
Bebida de yacón y guanábana, de Indal's Nature's	
Jalea de yacón, graviola y estevia, de Indal's Nature's	
Harinas de yacón, de Indal's Nature's	
Harinas de plantas, hortalizas, frutos de apio, alcachofa, achiote, caigua, boldo, graviola, noni, cocona, camu camu, sanky, berros, alfalfa, salvado de trigo, huito, mora, mashua, oca, coco, tocosh, soya, manzana, perejil, piña, menta, paleta de tuna, yacón, berenjena, estevia, beterraga, col, sacha inchi, ubos, linaza, maíz morado, aloe y aguaje: 36 plantas, de Indal's Nature's	
Bebida con estevia, yacón, piña, alcachofa diflora, de Flora Verde	Agroindustrial Vida Verde SAC
Mezcla de hierbas para infusión: yacón, pasuchaca, nogal, iporuro, uña de gato y ortiga, de Hierba Inka	Agropecuaria Comercial del Perú SRL
Bebida de noni, piña, cocona y yacón, de Froyvitt	Alanya Romero Juan
Yacón, alcachofa, frejol y soya biodegradable en polvo, de Nusky	Amazonas Perú Agroexport SAC
Yacón en polvo, de Nusky	
Bebida de yacón, arándanos y estevia, de Nusky	
Hojas de yacón deshidratada para infusión, de Wawasana	
Bebida de yacón, cocona y berenjena, de Beal	Bejarano Alvarado Manuel Jesús
Harina de yacón y cocona, de Beal	
Jalea de frutas (tamarindo, ciruela, higo, yacón) y jalea line, de Inkaherb	Benavente Escobar Esther
Bebida de yacón y zanahoria, de Fruto Real	Biolaboratorio Salud Natural SRL
Bebida de yacón y cocona, de Fruto Real	
Bebida de yacón y sanky, de Fruto Real	
Harina de yacón, de Fruto Real	
Harina de yacón y estevia, de Fruto Real	
Harina de yacón y zanahoria, de Fruto Real	
Pasachuca, nogal, yacón, uña de gato, ipururo y abuta, de Natural Firbas	C&C Perú SAC

Continúa

Productos	Empresas
Extracto liquido de maca con jarabe de yacón-macaex-plus, de Macaex	Central Products SAC
Harina de té verde, yacón, manzana, ajos, caigua, alcachofa y kiwi, de Vision Nature	Córdova Huaman Vicher
Harina de kiwi, toronja, alcachofa, ajos, caigua, yacón, manzana, limón y té verde, de Vision Nature	
Harina de yacón, alcachofa, toronja, té verde, kiwi y estevia, de Vision Nature	
Harina de kiwi, alcachofa, toronja, caigua, té verde, limón y yacón, de Vision Nature	
Harina de toronja, alcachofa, té verde, yacón, kiwi y limón, de Vision Nature	
Harina de berenjena, ajos, caigua, estevia, piña, toronja, té verde, yacón, manzana, alcachofa, canela, camu camu, pepino, perejil, tocosh, granada, acai, aguaje, maíz morado, paleta de tuna, maracuyá, sanki, kion y guaraná, de Selva Andina Export 24 en 1	Corporación El Águila EIRL
Harina de berro, papa, yacón, estevia y noni, de Selva Andina Export D-Día	
Hojas de yacón deshidratado y molido, de Herbi, El Dorado	Corporación Oro Verde SAC
Jarabe de yacón orgánico, de Ecoandino SAC	Ecoandino SAC
Arracacha, soya, mashua, yacón y oca en polvo, de Gold Green	Elyon Natural SAC
Mashua, kiwicha, yacón y oca en polvo-muno, de Gold Green	
Mashua, trigo, yacón, oca, maca en polvo-c star, de Gold Green	
Bebida de yacón y estevia, de Fruto Natural	Export Orgánicos EIRL
Bebida de yacón, cocona y aguaymanto, de Fruto Natural	
Harina de yacón y caigua, de Fruto Natural	
Harina de yacón y cocona, de Fruto Natural	
Harina de yacón y estevia, de Fruto Natural	
Bebida de yacón con estevia, de Farmacéuticos Ecológicos & Calidad Garantizada al Natural SAC	Farmacéuticos Ecológicos & Calidad Garantizada al Natural SAC
Yacón atomizado, de Natureza	Farmaz Laboratorios SAC
Yacón, caigua y berenjena deshidratados y micropulverizados, de Natural Sain	Fenatur SAC
Bebida de alcachofa, yacón, cocona, aloe vera y estevia, de Arbre Natural	Fito Live EIRL
Bebida de yacón, té verde, berenjena, penca de tuna, aloe vera y estevia, de Arbre Natural	
Hojas de yacón (deshidratado y molido), de Hanan	Fito Perú Export Import SAC

Continúa

Productos	Empresas
Galletas integrales con yacón (redondas, largas, estrella y laminada), de El Puquial	Huarcaya Hinostroza Edgar
Néctar de caihua, sanky, yacón, piña y limón, de Industria Alimentaria Bio Bito Natural SAC	Industria Alimentaria Bio Bito Natural SAC
Néctar de yacón y uva, de Industria Alimentaria Bio Nat SAC	Industria Alimentaria Bio Nat SAC
Néctar de yacón, brócoli y alcachofa, de Industria Alimentaria Bio Nat SAC	
Néctar de yacón, alcachofa, piña y limón, de Industria Alimentaria Bio Nat SAC	
Yacón deshidratado, de Ias	Industria de Alimentos Saludables
Harina de yacón, de El Andino	Industria Herbal El Andino SAC
Extracto líquido de yacón, alcachofa, piña, garbanzo, linaza, penca de tuna, de Fito Salud	Industrias Alimentarias Fito Salud SRL
Bebida de durazno, ciruela, linaza y yacón D'jelan, de Cosmo Natura	Industrias Santiago Edith SAC
Harina de yacón, maíz morado, noni y caigua-huang-he, de Natur Shenghuo	Inpra Natura SAC
Bebida de té verde, yacón, algas marinas y soya-feyben-a, de Naty Sensu	
Bebida de yacón, soya y alcachofa-yen Wein-d, de Natu Sensu	
Bebida de yacón, alpiste, soya y alcachofa-yalsoya-d, de S'Plant	
Yacón (hoja deshidratada y molida), de Gales	Inversiones Nepal EIRL
Polvo de maca gelatinizada, yacón y camu camu atomizado, de Maca Rich C	J Locher Sociedad Anónima Cerrada
Harina de yacón, de Angisa	Jiménez de La Cruz Rosa -Angisa
Bebida de yacón, aguaymanto, cocona y linaza, de Eden Natures	Laboratorio Eden Natures SAC
Bebida de yacón, de Maravi Natur	Laboratorio fitoterapéutico Maravi Natur
Bebida de yacón, alcachofa, cocona y estevia, de Divavet-Maravi Natur	
Harina de alcachofa, noni, ubos y yacón, de Sabia Naturaleza	Laboratorio Sabia Naturaleza Mi Salud EIRL
Harina de caigua, yacón, alcachofa, linaza, té verde, salvado de trigo, penca de tuna, estevia y alpiste, de Sabia Naturaleza	
Harina de té verde, yacón y estevia Biobets, de Sabia Naturaleza	
Bebida de alcachofa, yacón, berenjena, arvejas y estevia D&AB, de Bionaturista	Laboratorio Algas Marinas SAC
Harina de alcachofa, yacón, berenjena, arvejas y estevia, de Bionaturista	
Yacón en polvo, del Laboratorio Droguería D´fito Life SAC	Laboratorio Droguería D'fito Life SAC

Continúa

Productos	Empresas
Extracto de alcachofa, yacón, cocona y leche de soya, de Laboratorio Llave de la Salud, Bio FEM	Laboratorio Llave de la Salud EIRL
Bebida de yacón, aguaje, cocona, manzanilla y linaza: ZnVari, de Laboratorio Llave de la Salud	
Harina micropulverizada de alcachofa y yacón Bio Fem, de Laboratorio Llave de la Salud	
Harina micropulverizada de alcachofa y yacón Proplan, de Laboratorio Llave de la Salud	
Harina micropulverizada de yacón, de Laboratorio Llave de la Salud	
Extracto líquido de zanahoria y yacón DBT, de Laboratorio Llave de la Salud	
Bebida con pitaya, yacón, sanky, noni y estevia Sabia CLN LAX, de Sabia Naturaleza	Laboratorio Sabia Naturaleza EIRL
Bebida con yacón, graviola, fresas, alcachofa, soya y estevia, de Sabia Naturaleza	
Extracto de yacón, alcachofa, cocona, limón y estevia, de Sabia Naturaleza FM PLUS	
Bebida de yacón, cocona, estevia y berenjena, de Fitogreen	Laboratorios Fitogreen SAC
Bebida de alcachofa, yacón, estevia y naturvet-gn, de Gilsan	Laboratorios Gilsan SAC
Bebida de alcachofa, berenjena, yacón, caigua, ajo y belnatur-gn, de Gilsan	
Harina de yacón, cocona y estevia-yacostevia-gn, de Gilsan Nature	
Bebida de berenjena, yacón, caigua, jalea real, estevia y ajo, de Gilsan Nature	
Polvo de yacón, de Vida Natural	Laboratorios M&G Vida Natural EIRL
Polvo de yacón, alcachofa, frejol y soya probiótica, de Vida Natural	
Yacón, mora y linaza en polvo, de Bella Natura	Latinoamericana Estrellas del Sur
Yacón en polvo, de Bella Natura	
Harina de yacón-yacón, de Natural Mass	Netpharm SAC
Harina de yacón y estevia-yacontev, de Natural Mass	
Encurtido a base de berenjena, rabanito, yacón, poro, nabo y aceite de oliva DBT, de Magic Herbal	Pharmherbal & Magic Herbal SAC
Galleta integral con salvado de trigo y yacón, de Alimentos Integrales del Paraíso	Productora de Alimentos Integrales Export Perú SAC
Bebida de sanky, toronja, germen de trigo, soya, quinua, yacón, cocona, aguaje, limón, caigua, nopal, esparrago, alpiste y avena, de Samena	Samena EIRL
Bebida de sábila, yacón y piña, enriquecida con vitamina C y E, de Aloe T. Teoma Life	Teoma Life SAC

Continúa

Productos	Empresas
Pasuchaca, yacón, manzanilla y estevia deshidratada y molida, de Vita Vid Herbal Natural	Vita Vid Herbal Industrias SAC
Bebida de perejil, alcachofa, apio, yacón, cocona, cayhua, ajo, maracuyá y estevia, de Xioma Natura Dicolpres	Xioma Natura Olivera Laboratorios SAC
Galletas integrales con yacón, avena y kiwicha (redondas, largas, estrella y laminada), de Yamix	Yaalgrali Natur SAC

Fuente: elaboración propia con base en: http://www.digesa.sld.pe/Expedientes/Consulta_Registro_Sanitario.aspx

El máximo registro de productos por cada empresa fue de cinco y el mínimo, de uno. Es importante resaltar que muchas de las empresas registradas están bajo la denominación de Empresa Individual de Responsabilidad Limitada (EIRL), y otras bajo la denominación de Sociedad Anónima Cerrada (SAC).

Los productos que contienen yacón son diversos: bebidas, néctares, jarabes, harinas micropulverizadas, mermeladas, galletas, bolsitas filtrantes, deshidratados en polvo, hojas deshidratadas molidas, jaleas, encurtidos, etc. Las combinaciones de yacón con otras especies vegetales son numerosas e incluyen otras raíces tuberosas y endulcorantes como la estevia, frutas tropicales y hortalizas, entre otras.

Las especies vegetales en combinación con yacón son, entre otras: piña, alcachofa, estevia, linaza, garbanzo, tuna, soya, uva, alpiste, brócoli, limón, noni, berenjena, maca, camu-camu, cocona, maíz morado, perejil, aloe vera, manzanilla, uña de gato, durazno, manzana, kiwi, fresas, pitahaya, caigua, uchuva, etc.

Las presentaciones de los productos son diversas: frascos de vidrio y plástico; polietileno tereftalato (PET); bolsas de polietileno; cápsulas de gelatina; envases de cartón; sobres de alupol, aluminio, adhesivo o polietileno; sachet trilaminado, bolsitas de papel termosellable, etc.

En cuanto al tamaño y al contenido de los envases, para productos sólidos va de 10 gramos a 20 kilogramos, y para productos líquidos, de 50 mililitros a 20 litros. Los requisitos para la inscripción y reinscripción en el Registro Sanitario de Alimentos y Bebidas de Consumo Humano que exige Digesa son los siguientes:

- Solicitud Única de Comercio Exterior (Suce). Véase www.vuce.gob.pe.
- Resultados de los análisis físico químicos y microbiológicos del producto terminado, los cuales deben confirmar su aptitud de acuerdo con la normatividad sanitaria vigente. La entidad encargada de este trámite debe ser un laboratorio acreditado o el de control de calidad de la fábrica.

- Certificado de libre comercialización o similar, o certificado sanitario, emitido por la autoridad competente del país de origen. Debe presentarse en original —o copia refrendada por el consulado respectivo, cuando el alimento o bebida sea importado.
- Información que contendrá el rotulado o etiquetado.
- Análisis bromatológico practicado por un laboratorio acreditado por el Instituto Nacional de Defensa de la Competencia y de la Protección de la Propiedad Intelectual (Indecopi) para los alimentos y bebidas de regímenes especiales, los mismos que deberán señalar sus propiedades nutricionales.
- Comprobante de pago del derecho de trámite.

La búsqueda de alternativas innovadoras en productos de la biodiversidad en Perú sigue adelante, tanto en el sector público como en el privado, y también en las alianzas que se generan en el escenario universidad-empresa-Estado. Recientemente, un grupo de investigadores de la Universidad Nacional Mayor de San Marcos de Lima (UNMSM), con el apoyo financiero de la Cooperación Alemana (GTZ) y el Consejo Nacional de Ciencia, Tecnología e Innovación Tecnológica (Concytec), inició la Cátedra en Productos Naturales y Biocomercio.

Dentro de este espacio se lleva a cabo el proyecto de desarrollo de bebidas funcionales de yacón y maíz morado para el mercado nacional e internacional (Ecoticias, 2012). Este proyecto tiene cuatro etapas: la caracterización de la materia prima; el desarrollo de la tecnología para la producción de bebidas; la etapa farmacológica y toxicológica, y el estudio de mercado y búsquedas de opciones en el biocomercio local e internacional.

El sector de biocomercio peruano, después de una rápida trayectoria en el desarrollo de la cadena del yacón, muestra algunas "lecciones aprendidas" (Flores, 2010). Estas pueden ser útiles al abordar la problemática del desarrollo de esta especie en Colombia:

- Para las empresas pequeñas es casi imposible cumplir con los requisitos del *novel food*,[2] si no se hacen alianzas de investigación a escala nacional e internacional.

---

2 *Novel food* es un producto nuevo, cuyo método de composición difiere del de los productos presentes en el mercado hasta el momento de su introducción, o un producto preexistente cuyo consumo aumenta de manera significativa. Véase: http://www.alimentarnos.com/blog/2012/03/30/diccionario-de-alimentacion-funcional/

- El uso concertado de los fondos de procedencia nacional o internacional es beneficioso para una mayor cobertura.
- La investigación todavía está desarticulada en esta cadena. Los temas para la investigación no son bien definidos entre el sector privado y las universidades.
- La información institucional es abundante y lamentablemente inédita.

Algunas exploraciones sobre el yacón en Colombia

Su distribución en el país

Según Polanco (2008), el yacón en Colombia se siembra en sistemas tradicionales de huerta casera o en pequeñas parcelas en asocio con hortalizas, maíz, plantas medicinales y árboles frutales, en municipios de montaña como: Sotará, La Vega, San Sebastián, Santa Rosa y en el suroccidente del departamento del Cauca; en las reservas naturales adscritas a la Red de Reservas de la Cocha, en el departamento de Nariño, y en el área rural del municipio de Garzón, Huila. Asimismo, en los municipios de Pereira, Guática y Santa Rosa de Cabal, en el departamento de Risaralda; en Salento, Calarcá y Córdoba, en el departamento del Quindío; en Anolaima, en el departamento de Cundinamarca; en Boyacá; en Ibagué, en el departamento del Tolima; en Falán, Palocabildo, Cajamarca y en el municipio de Pradera, en el departamento del Valle.

Años atrás, García (2000), con material obtenido en Supía (Caldas), La Cocha (Nariño) y la zona rural de Pradera (Valle), encontró que el yacón se desempeña muy bien en los pisos térmicos bosque húmedo tropical y, en segundo lugar, bosque seco montano bajo. Por el contrario, en el piso bosque seco tropical (Armero-Guayabal), debido a las altas temperaturas, muy baja precipitación, evapotranspiración alta y reducida materia orgánica en el suelo, no hubo brotamiento de los propágulos.

Desde hace unos pocos años, el yacón en Colombia ha sido llevado desde las zonas donde se venía cultivando en pequeños huertos (principalmente en clima templado y frío) a diversos municipios para su posterior comercialización en la central de abastos de la capital, Corabastos, grandes superficies, tiendas de ventas de frutas y hortalizas y mercados de barrio.

De esta manera, los precios minoristas por kilogramo de raíces han disminuido sustancialmente (de 7000 a 2000 pesos). Algunos productores ya empiezan a tener problemas debido a la saturación de mercado, y están mirando posibilidades de transformación del producto, aunque de manera casi artesanal, en subproductos como mieles, hojuelas, té filtrante, entre otros. A continuación se presentan algunas de las múltiples experiencias sobre el cultivo e investigación de esta especie, principalmente en municipios del departamento de Cundinamarca.

Algunas experiencias de productores

Una experiencia agroecológica que incluye al yacón como especie importante para el trabajo con pequeñas comunidades en la Región Alto Andina ha sido la realizada por la ingeniera agrónoma Andrea Moya, quien dirige el proyecto agroambiental Parque Temático Chaquén, con enfoque ecosistémico de la salud humana o ecosalud. Este constituye un nuevo enfoque que conecta la gestión ambiental integrada con una comprensión holística de la salud humana, tomando en cuenta los factores sociales, económicos y culturales inherentes a un ecosistema (Moya y Rodríguez, 2010).

El Parque Temático Chaquén se encuentra ubicado en la vereda Nazareth de la Localidad 20 de Bogotá, D. C. Nace en 2007, como una estrategia del Hospital Nazareth I, nivel Empresa Social del Estado (ESE), que responde al modelo de prestación de servicios de salud: “Familia sana, comunidad saludable, entorno natural”, donde se trabaja por la salud y no por la enfermedad.

La temperatura promedio en esa zona es de 22 °C, la precipitación pluvial fluctúa entre 700 y 1000 mm anuales y la altura es de 2630 msnm. Este proyecto involucra los siguientes sistemas productivos: gallinas ponedoras, granos andinos, tubérculos andinos, raíces andinas (yacón), hortalizas, leguminosas, aromáticas, medicinales, frutales, forrajes, y una zona de manejo de residuos orgánicos.

Fotografías 9 y 10. Aspectos del cultivo de yacón y exhibición de diversos productos hortícolas que se obtienen en el Parque Temático Chaquén.

Fuente: http://www.esenazareth.gov.co/phz18_ptch.htm

El parque temático es un escenario que contribuye a la rehabilitación de personas en condición de discapacidad mental, a través de la articulación con el programa Ecoterapia, donde se desarrolla la terapia hortícola, que considera que las plantas son capaces de elevar el autoestima, aliviar la depresión, mejorar las funciones motoras, la concentración, la motivación, la tolerancia al trabajo y la destreza manual de quienes las manipulan. Los pacientes del programa Ecoterapia, en el caso del yacón, realizan distintas actividades, desde la siembra hasta la transformación del producto en hojas y hojuelas deshidratadas (fotografías 11-14).

Fotografías 11 y 12. Té y hojuelas de raíces de yacón producidos en el Parque Temático Chaquén.

Fuente: los autores.

Fotografías 13 y 14. Hojas deshidratadas y miel de yacón producidos en el Parque Temático Chaquén.

Fuente: los autores.

El parque cuenta con elementos productivos agropecuarios, usados como herramientas metodológicas en un contexto rural, que permiten aprender y construir sobre temáticas en salud pública, como: seguridad alimentaria y nutricional, salud ambiental, trabajo saludable, enfermedades crónicas no transmisibles y buenas prácticas agrícolas, entre otras (fotografías 15 y 16).

De esta forma se ha logrado difundir entre los campesinos de las zonas rurales de Bogotá el conocimiento y rescate de semillas andinas, entre las cuales el yacón ha sido de gran aceptación. Actualmente se ha implementado su cultivo en las huertas caseras de campesinos de diversas localidades.

Fotografías 15 y 16. Lotes del Parque Temático Chaquén sembrados con yacón.

Fuente: los autores.

En cuanto al yacón, la ingeniera Moya refiere que fue la única raíz andina cultivada en el primer año del Parque Temático Chaquén; este se sembró a una distancia de 1 metro, con surcos de 0,6 metros entre plantas, en una área de 42 metros cuadrados, mediante el uso inicial de rizomas (propágulos) como medio de propagación, y luego de una resiembra con plántulas, con tallos bien desarrollados, para reemplazar los sitios en los que no se presentó emergencia.

Para el caso del primer ciclo de cultivo de yacón, se utilizó fertilizante compuesto 15-15-15, en dosis de 60 gramos por sitio. Para 2011, se contaba con una amplia demanda del producto a escala urbana, gracias a la divulgación en ferias y eventos masivos, y a las mejoras en el estado de salud de los consumidores, así que, se amplió el área de cultivo a 1318 metros cuadrados, con una distancia de siembra de 0,5 metros entre plantas, y 1 metro entre surcos.

Es importante anotar que este cultivo fue certificado con la Norma Técnica Colombiana (NTC) 5400 en Buenas Prácticas Agrícolas, la cual permite garantizar la calidad e inocuidad del producto al consumidor. Actualmente, al momento de la siembra, se realiza una fertilización de abono orgánico compostado, mediante la aplicación de una dosis de 3 kilogramos por sitio. A partir de los seis meses, se aplica humus líquido y elementos menores; a los 9 meses se realiza la cosecha de las raíces, se eliminan los tallos y se dejan en el sitio la raíz principal de la planta, los rizomas y los tallos más pequeños. Esta planta se vuelve a abonar, y en un tiempo aproximado de 6 meses se obtiene una segunda cosecha. En cuanto a la producción, se ha logrado obtener entre 6 y 8 kilos por planta, los cuales no se cosechan en un solo momento, debido a que su maduración se realiza en tiempos diferentes, que pueden oscilar entre 2 y 3 semanas.

También en el referido Parque se están implementando sistemas asociados de yacón con hortalizas, con el fin de motivar la diversidad de especies en pro de la seguridad alimentaria y nutricional de los habitantes del entorno.

Otra experiencia con yacón ha sido la obtenida por el productor orgánico Finca Gabeno, ubicado en el municipio de Tenjo (Cundinamarca). En este predio, dedicado a la producción de hortalizas, leche y huevos (gallina feliz)[3], se cultiva el yacón para ventas directas y para alimentación del ganado lechero y aves de corral, con las raíces tuberosas en estado fresco (fotografías 18-19).

---

3 "Gallina feliz" es una forma de crianza de estas aves de corral, sin confinamiento, es decir, en campo libre. Su alimentación principal consiste en hierbas, insectos, lombrices de tierra y residuos de frutas y hortalizas.

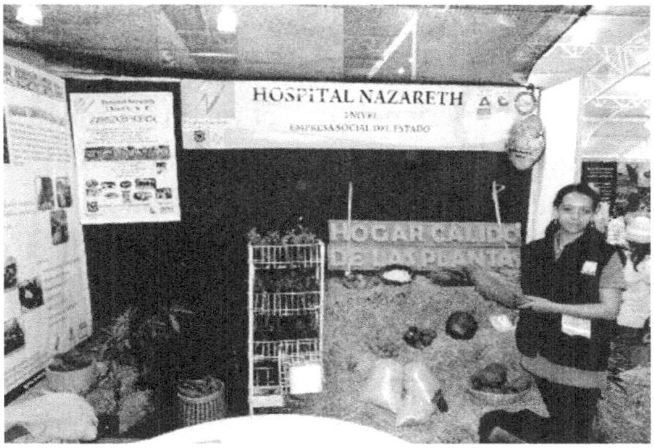

Fotografía 17. Exhibición de diversos productos hortícolas que se obtienen en el Parque Temático Chaquén, en la Feria Agroexpo.

Fuente: los autores.

Fotografías 18 y 19. Aspectos de los cultivos de yacón en la Finca Gabeno, ubicados al margen de las parcelas de producción de hortalizas.

Fuente: los autores.

En el mismo municipio, pequeños productores como Esmeralda Romero (Emerald Herbs) han escalado hasta la transformación de diversos derivados, con miras al negocio de la agroexportación.

De cómo nació y creció Emerald Herbs

Ana Esmeralda Romero, una pequeña productora rural de la vereda Martín y Despino, del municipio de Tenjo (Cundinamarca), es testimonio de la capacidad que tienen muchos agricultores para generar emprendimientos con base en las especies de la biodiversidad andina, como lo es el yacón.

Esmeralda empezó su experiencia con el yacón en 2007, cuando, aquejada por problemas de salud, debido a diabetes y molestias colaterales de los medicamentos, decidió buscar en la farmacopea vegetal la solución a sus quebrantos de salud. Tras investigar y por testimonios de terceros, detectó que la solución estaba muy cerca: en algunos campos de su municipio se cultivaba, de forma muy reducida, el yacón. Inició con el consumo de las raíces tuberosas, en diversas preparaciones, pero con cierta demora en los resultados; ello la llevó a encontrar en las hojas de esta planta, preparadas en infusión, una rápida respuesta en la disminución de los niveles de glucosa de su organismo, y por consiguiente un alivio sustancial de sus males.

De forma gradual comenzó a ingerir diariamente la infusión de yacón, con lo cual encontró cantidades y frecuencias que le permitieron "estandarizar" dosificaciones, que posteriormente serían aplicadas a la comercialización de hojas de yacón en forma de tisanas o te en bolsitas filtrantes, en los mercados dominicales de su municipio.

Testimonios de algunos familiares, amigos y clientes le dieron la razón sobre el efecto medicinal del yacón, por lo que, en 2012, decidió dar un paso adelante para producir y comercializar su producto a través de un pequeño proyecto empresarial, que inició junto con tres señoras del municipio, e introdujo el producto con relativo éxito en las ferias dominicales del pueblo. Sin embargo, el proyecto se vio truncado por algunos inconvenientes en la sociedad, que la obligaron a continuar el negocio con un tercer socio, encaminando la expansión hacia Bogotá.

Así, para 2013, junto con su hija mayor y su yerno, conformó la empresa Emerald Herbs e incrementó el portafolio de productos. Con el conocimiento de mercado de sus nuevos y cercanos socios, empezó a participar en diversas ferias y mercados locales de algunas ciudades del país. Con la expansión de sus ventas, invirtió en infraestructura, equipos y adquisición de licencias, lo cual le permitió atender la demanda de forma oportuna y reducir sus costos de operación.

Hacia 2014, después de algunos viajes a EE.UU., y el contacto con tiendas de productos orgánicos y para diabéticos, lograron el permiso de la Food and Drug Administration (FDA) para sus productos. Actualmente, desde Colombia efectúa despachos a compradores de Argentina, Chile, Brasil, Venezuela, Uruguay, Costa Rica, Cuba, México, Canadá, España, Alemania, Francia, Italia, Japón, Inglaterra, El Salvador, Puerto Rico y Panamá.

Además del té de hierbas de yacón (fotografías 20 y 21), empezó a promover otros productos vegetales, como la moringa y la guanábana, así como los subproductos de yacón: sirope, mermelada, hojuela deshidratada y también el novedoso té liquido de yacón "Emerald Tea".

Hoy en día, siguen experimentando con resultados tangibles con productos orgánicos, y con la posibilidad de trabajar con maquinaria propia, que cuenta con registros Invima e ICA. Además, trabajan en paralelo con el desarrollo de otros productos, como tés orgánicos y una infusión de cacao, y siguen investigando otras plantas y jarabes que garanticen una contribución a la salud y al bienestar.

Con el apoyo de la Gobernación de Cundinamarca, se desplazaron a Miami, en 2015, para participar en el *Miami Trade Export*, feria en la cual los productos tuvieron una gran acogida. En octubre del mismo año participaron en una misión exploratoria en Anuga, en la ciudad de Colonia, Alemania, donde tres diferentes expertos en comercio internacional evaluaron los productos, y quienes les dieron interesantes pautas para incursionar exitosamente en el mercado europeo, su próximo objetivo.

Fotografías 20 y 21. Arriba: preparación de hojas para té. Abajo: té de Emerald Herbs.

Fuente: Ana Esmeralda Romero.

Experiencias en la zona cafetera

En la Universidad Tecnológica de Pereira, es el Dr. Uriel Hernández la persona que más ha investigado sobre esta planta, con ensayos comparativos de adaptación y rendimiento del yacón en las condiciones de la zona central cafetera colombiana, realizados en los últimos años (fotografía 22).

Fotografía 22. Las plantas de yacón en los jardines de la Universidad Tecnológica de Pereira simbolizan el interés de ese centro de estudios en investigar cultivos ancestrales andinos.

Fuente: los autores.

El Dr. Uriel Hernández afirma que con su grupo de investigación ha adelantado procesos de agroecología en gestión ambiental, con comunidades de la región que preservan y recuperan especies nativas, como la *Polymnia sonchifolius* (yacón), la *Maranta arundinacea* y la *Canna edulis*.

El mismo investigador afirma que el yacón es una alternativa productiva para algunas familias campesinas que habitan en la cuenca alta del rio Otún. Es allí donde la familia García (más conocida como "Los Genaros") semanalmente llevan al mercado agroecológico de Pereira regulares cantidades del producto, el cual tiene clientes fijos. Asimismo, expresa que el interés actual radica en pasar a una nueva fase de transformación o agroindustrial, en la que se puedan generar valores agregados.

Según el Dr. Uriel Hernández, la presencia del yacón en la zona cafetera se debe a un trabajo de investigación iniciado en 1998, que hace parte de la propuesta de la Maestría en Agroecología de la Universidad de Caldas, en el que se exploraban las condiciones de la zona cafetera para su adaptación. En ese proyecto se contó con clones recuperados en parcelas campesinas de médicos tradicionales en la Bota caucana, y más tarde de clones traídos de Brasil a la Universidad de Santa Rosa de Cabal (Unisarc).

Los primeros ensayos de adaptación de esta especie se llevaron a cabo en municipios de Guática, Santa Rosa de Cabal y Pereira, en el departamento de Risaralda; en Manizales y Neira, en el departamento de Caldas; y en Córdoba y Calarcá, en el departamento del Quindío. El sitio de mejor resultado fue un predio denominado Achichavari, del municipio de Pereira, de donde ha salido la semilla que recorre en estos momentos el territorio colombiano.

También, Duque y Hernández (2008) refieren que es la finca Alto Calima, de propiedad del señor Genaro Marín y sus cuatro hijos, donde se promociona esta especie. La finca está ubicada en el departamento de Risaralda, al sur del municipio de Santa Rosa de Cabal (vereda San Marcos). Sin embargo, existe una relación más estrecha con el municipio de Pereira, por su cercanía con uno de sus corregimientos, La Florida, situado a una distancia de 12,6 kilómetros del casco urbano de la ciudad.

El predio está ubicado a una altura de 2200 msnm; su temperatura oscila entre 12 y 17 °C, con precipitación promedio de 3000 milímetros, y está inmerso dentro de la zona de amortiguamiento del Parque Nacional Natural Los Nevados, en zona de vida bosque húmedo montano bajo.

Fotografías 23 y 24. Izquierda: campo de yacón en Santa Rosa de Cabal. Derecha: agricultor con plantas de yacón de donde se sacó material de propagación.

Fuente: los autores.

En Santa Rosa de Cabal, el ingeniero Francisco Franco, experto en agroecología y semillas nativas, refiere la existencia de pequeñas parcelas de yacón en los alrededores de las aguas termales de ese municipio, así como en inmediaciones de la cuenca alta de los ríos San Juan y Otún. Con él se tuvo la oportunidad de obtener material de propagación en la finca de un pequeño productor, ubicada en las cercanías de la vía de acceso a la fuente de aguas termales de Santa Rosa de Cabal (fotografías 23 y 24).

Experiencias en la altiplanicie cundiboyacense

Otro punto de esta exploración está ubicado en el municipio de La Mesa (Cundinamarca); en ese lugar se encuentra un pequeño productor que tiene ascendencia con agricultores ecológicos de Pereira. El producto va destinado a médicos naturistas y al mercado de este municipio. Generalmente se cultiva alrededor de los 800 metros cuadrados, bajo fertilización orgánica, sin aplicación alguna de agroquímicos (fotografías 25 y 26).

Lamentablemente, como se observa en la fotografía 26, debido a un intenso verano, las plantas no se desarrollaron normalmente, por lo que la producción se vio afectada. También en los alrededores de la Sabana de Bogotá, pequeños agricultores conducen algunos cultivos de yacón, cuyo producto luego es colocado en ferias campesinas organizadas por la Alcaldía Mayor de Bogotá o en el mercado de frutas y hortalizas de Paloquemao (fotografía 27).

También un nuevo grupo de "neo agricultores", es decir, personas que compran tierras en la Sabana de Bogotá y zonas aledañas, incursionan con el yacón y cultivos hortícolas bajo producción orgánica; estos venden el yacón en fresco y también procesado como miel, té, hojuelas y cápsulas tanto en tiendas naturistas de la capital como a través de internet.

En la Sabana de Bogotá son varios los pequeños productores que cultivan la especie en áreas reducidas, para su comercialización como producto fresco en la central de abastos de Bogotá —Corabastos—, supermercados, tiendas de barrio y directamente (sin intermediarios). Algunos lo cultivan en pequeñas parcelas como monocultivo, y otros, en forma asociada con alguna especie de corto periodo, como el maíz (fotografía 28).

Fotografías 25 y 26. Pequeño cultivo de yacón en dos fases de su desarrollo, en Tena (Cundinamarca).

Fuente: los autores.

Fotografía 27. Venta de yacón en la plaza de mercado Las Ferias (II Feria de la Alimentación, Bogotá, D.C.).

Fuente los autores.

Fotografía 28. Cultivo de yacón en asocio con maíz, dentro de los mismos surcos, finca de Vilma de Gómez, Tenjo (Cundinamarca).

Fuente: los autores.

Experiencia en Fusagasugá: siembra de yacón asociado con mora

La ingeniera agrónoma Claudia Patricia Castro relata su experiencia con yacón en la finca La Dacha, situada en la vereda Sardinas, perteneciente al municipio de Fusagasugá (Cundinamarca), ubicada a una altura de 2050 msnm. En el referido lugar, en julio de 2013, se sembraron 1000 propágulos y se trasplantaron 300 plantas de yacón, en asocio con plantas de mora de Castilla (fotografías 29 y 30). La semilla provino de un productor del municipio de Tenjo (Cundinamarca). La finca tiene un manejo ecológico certificado bajo la Resolución MADR 0187 de 2006, y está certificada en buenas prácticas agrícolas (BPA), bajo la Resolución ICA 4174 de 2009.

Las distancias de siembra que se emplearon fueron de 0,7 metros entre plantas, y de 1 metro entre los surcos. Se sembraron plántulas (trasplante) y propágulos (directo), con la intención de apreciar la incidencia en cuanto a producción y ciclo de vida. La fertilización se realizó con abonos orgánicos (gallinaza compostada certificada), sulfato de potasio avalado por la certificadora y fertilizantes foliares a base de potasio, calcio y boro.

Para la preparación del terreno, se aró con motocultor, mediante la realización de tres pases para que la tierra quedara suelta, lo que es importante para el correcto desarrollo de las raíces. Luego se hicieron surcos de 16 metros de largo por un 1 metro de ancho. El suelo se desinfectó y posteriormente se inoculó con organismos biocontroladores. La fertilización se hizo con base en el análisis del

Fotografías 29 y 30. Plantas de yacón en sistema asociado con cultivo de mora, de 2 y 6 meses, respectivamente.

Fuente: Ing. Claudia Patricia Castro.

suelo, y se determinó un plan de fertilización fraccionada para el ciclo del cultivo. La aplicación de los fertilizantes se focalizó en el momento de la siembra, y posteriormente en el aporque.

Solo se hicieron dos deshierbos manuales en todo el ciclo del cultivo. El control de plagas y enfermedades se efectuó con base en un monitoreo previo, con aplicaciones de hongos biocontroladores y extractos de plantas. La cosecha de las raíces tuberosas fue de forma manual. El tiempo entre la siembra y la cosecha varió, dependiendo del método de propagación: cuando se sembraron plántulas, la cosecha se realizó a los 5 meses, y cuando se sembró por medio de propágulos, a los 6 meses.

En cuanto a la incidencia de plagas y enfermedades, en el municipio de Fusagasugá, al mes de sembradas, se presentó mosca blanca (*Trialeurodes vaporariorum*). Este municipio es tradicionalmente agrícola y su cultivo más sobresaliente es la habichuela; la mosca blanca es endémica de la zona, razón por la cual su presencia es normal (fotografías 31 y 32).

Para el control de mosca blanca se utilizaron extractos de plantas y hongos biocontroladores. En la época de cosecha se presentaron daños por bacteriosis (fotografías 33 y 34), debido, aparentemente, a retrasos en la extracción de las raíces y a las fluctuaciones del clima.

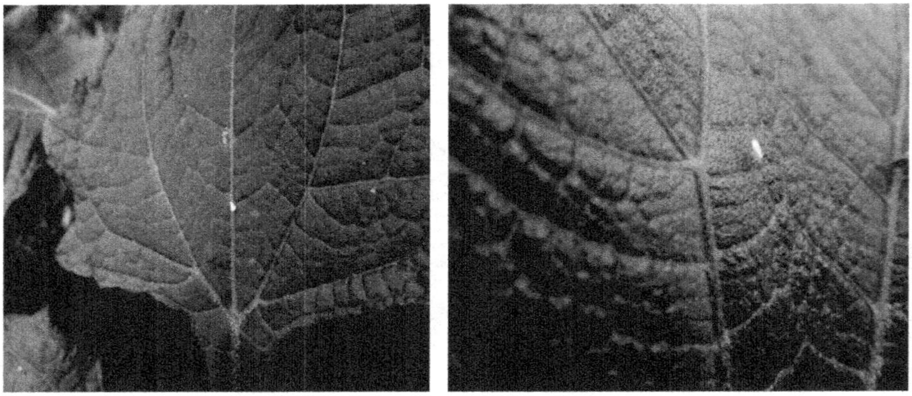

Fotografías 31 y 32. Mosca blanca en hojas de yacón y presencia de biocontrolador.

Fuente: Ing. Claudia Patricia Castro.

Fotografías 33 y 34. Daños por bacterias en raíces reservantes de yacón.

Fuente: Ing. Claudia Patricia Castro.

La ingeniera Castro refiere que la producción por planta fue de 3 kilogramos, en promedio, cuando se hizo la propagación mediante plántulas, y de 2,5 kilogramos, mediante propágulos. Si bien esta última forma permite la obtención de una mayor cantidad de semilla (casi un 20 % más que cuando es propagada por plántulas), el tipo de suelo, la procedencia de la semilla, el clima, las labores culturales, entre otros factores, cumplen un papel importante en los resultados. En esta finca, se efectúan procesos agroindustriales para la producción de té filtrante de yacón y obtención de miel de sus raíces.

Experiencia en San Francisco (Cundinamarca)

Dos economistas (Lauro Ortega y Carolina Bueno) implementaron un sistema de producción de yacón en el municipio de San Francisco (Cundinamarca), en áreas bastante interesantes (video 2, fotografía 35). Se preocupan porque la siembra de yacón sea escalonada y así no tener problemas de saturación de mercado. Llevan la producción principalmente a una cadena de supermercados especializados en frutas y hortalizas en Bogotá. Asimismo, el ánimo de seguir trabajando con la especie los ha llevado a producir de manera industrial un té de yacón, y actualmente están trabajando en la obtención de mieles y otros derivados como mermeladas, *syrup* y yacón deshidratado (fotografía 36).

Video 2. Proyecto San Francisco. Véase en http://www.youtube.com/watch?v=LZf6RmZEcI8

Fuente: Orgánicos San Francisco.

Fotografía 35. Productor Lauro Ortega Lugo, en sus campos de yacón de San Francisco (Cundinamarca).

Fuente: Orgánicos San Francisco.

Fotografía 36. Té de yacón, de la empresa Orgánicos San Francisco.

Fuente: Orgánicos San Francisco.

Un producto en expansión

Moya (2014), en su actividad de comercialización de yacón y derivados, reporta un total de 24 hectáreas de yacón registradas, a cargo de pequeños productores en las localidades de San Bernardo, Usme, Sumapaz, Mesitas del Colegio, San Francisco, Tenjo y Fusagasugá (Cundinamarca); Villa de Leyva (Boyacá), y Santa Isabel (Tolima). Las áreas sembradas varían desde 1000 hasta 50.000 metros cuadrados (figura 1). Otras áreas de siembra de yacón, no implícitas en esa información, se encuentran en los municipios de Silvania y Cáqueza (Cundinamarca), y en zonas altas del departamento del Tolima.

Figura 1. Distribución de productores de yacón.

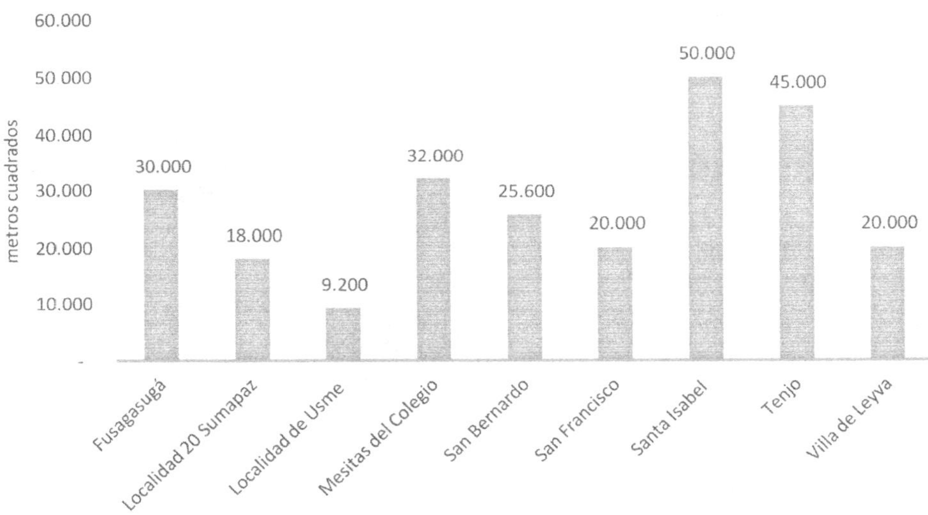

Fuente: Moya (2014).

La misma fuente de información indica que se estima en alrededor de 150 hectáreas el área dedicada al cultivo de yacón en la Región Centro Andina colombiana, lo cual contrasta con los datos de hace cuatro años, cuando aún existía una incipiente área de este producto.

Fuentes no confirmadas refieren que cada tres días ingresan a Corabastos alrededor de 50 toneladas de raíces de yacón; asimismo, al mercado de Paloquemao, aproximadamente 2 toneladas, cada dos o tres días. Una cantidad aproximada de 10 toneladas se lleva semanalmente a los expendios (*fruvers*) de la zona norte de la capital. En las fotografías 37-42 se aprecian campos de cultivo de yacón en diversas localidades de la región central, a cargo de pequeños productores.

Fotografía 37. Productor en Ánimas Altas, Sumapaz (Cundinamarca).

Fotografía 38. Cultivos de yacón en Silvania (Cundinamarca).

Fotografía 39. Campo recién trasplantado en Usme (Cundinamarca).

Fotografía 40. Yacón en policultivos (Nazareth, Sumapaz).

Fotografía 41. Campo en floración en Raizal, Sumapaz (Cundinamarca).

Fotografía 42. Cultivo en Sibaté (Cundinamarca).

Fuente: Moya (2014).

Experiencia como productor de yacón[1]

Desde hace aproximadamente cuatro años, motivado por una afección a la diabetes, al ingeniero agrónomo Héctor Julio Moya Páez le surgió el interés por conocer y establecer un cultivo de yacón en el municipio de Chía, y posteriormente en el municipio de Simijaca (con una altitud de 2559 msnm y una temperatura media de 14 °C), ambos del departamento de Cundinamarca. En ese lapso de tiempo ha tenido la oportunidad de experimentar varios métodos sobre las labores culturales, algunos procesos para la obtención de derivados y otras aplicaciones, experimentadas personalmente para la salud.

Asimismo, tuvo la oportunidad de manejar otro cultivo que se estableció en el municipio de Sesquilé (Cundinamarca), vereda Boitivá, situada en la parte norte, a una altitud de 2595 msnm, con una temperatura media de 14 °C. En este se realizó la asistencia técnica para todo el ciclo productivo, el cual se llevó bajo los conceptos de la agricultura ecológica. El Ing. Moya aplica además los sistemas de propagación vegetativa que se describen a continuación.

Sistemas de propagación vegetativa

Los sistemas de propagación empleados se han orientado hacia la parte vegetativa o asexual, con rizomas o propágulos extraídos de la cepa o corona, por considerarse la forma más rápida y que ha generado plantas bien desarrolladas y productivas, de acuerdo con la forma como se maneje. A continuación se describen algunos sistemas de propagación vegetativa que se han venido aplicando, y que contribuirán a elegir la que más convenga en cada proyecto de producción.

Selección de cepas

Una vez cosechado el yacón, se puede optar por dos formas de lograr que los propágulos o rizomas lleguen a tener un rebrote de aproximadamente 0,5 centímetros: 1) al estar adheridos los propágulos a la cepa (fotografía 43); teniendo en cuenta la variedad, el estado fitosanitario, la producción y las características fenotípicas, se procede a enterrarlas en un espacio húmedo, por un tiempo de

1 El Ing. Agr. Héctor Julio Moya Páez, consultor técnico en agricultura ecológica, describe sus experiencias con el cultivo del yacón. Correo electrónico: hector4748@gmail.com

15 a 20 días hasta obtener el crecimiento descrito de las yemas. 2) Dejar las cepas seleccionadas en un cuarto oscuro, por un tiempo de cinco días, y luego proceder a desmembrarlas en trozos de dos o más yemas (fotografía 44); luego de desinfectarlas, se depositan en un sustrato compuesto de escoria o arena, cascarilla de arroz y tierra, en partes iguales; posteriormente se colocan en canastillas, en bateas o cualquier otro recipiente que tenga unos 50 centímetros de profundidad, para poder conformar varias capas superpuestas (fotografías 45 y 46).

Fotografías 43 y 44. Izquierda: cepa con propágulos en brotación. Derecha: fragmentación en unidades de dos o más yemas.

Fuente: Ing. Agr. Héctor Julio Moya Páez.

En esa forma, y para los dos casos mencionados, se debe mantener una humedad a capacidad de campo, por un tiempo de diez días. Durante ese periodo se podrá observar una brotación de la mayoría de propágulos, los cuales estarán listos para trasplantarlos directamente al cultivo o dejarlos en el piso o en canastillas, con una mezcla de sustrato, hasta obtener plántulas que alcancen una altura aproximada de 10 a 15 centímetros, en un tiempo de 20 a 30 días. Con esta última práctica se consigue que las plantas obtengan un crecimiento más rápido, evitando que las malezas compitan desde antes de la emergencia y sea más difícil su control (fotografías 47 y 48).

Fotografías 45 y 46. Disposición de los propágulos en cama húmeda para favorecer su brotamiento en pocos días.

Fuente: Ing. Agr. Héctor Julio Moya Páez.

Fotografías 47 y 48. Plántulas listas para ser trasplantadas a campo definitivo.

Fuente: Ing. Agr. Héctor Julio Moya Páez.

Cuando se han sembrado directamente los propágulos o rizomas sobre el terreno, con cualquiera de los métodos de siembra, se corre el riesgo de que las arvenses o malezas puedan ser más agresivas, por lo que resulta muy difícil controlarlas. Por ello, es recomendable hacer el primer deshierbo manual; así es más rápido y eficiente el desarrollo de las plantas trasplantadas, como si se tratara de un mediano aporque, que posteriormente concluirá con el definitivo, manteniendo el campo limpio hasta esperar la cosecha (fotografías 49 y 50).

Fotografías 49 y 50. Otro aspecto de adecuación de propágulos para inducir su rápido brotamiento.

Fuente: Ing. Agr. Héctor Julio Moya Páez.

Sistemas de siembra

Para la preparación del terreno de siembra se han utilizado diferentes métodos, pero se prefiere el arado de cincel, haciendo dos o tres pases. En algunos pocos casos se recurre al arado de discos, secundado por un pase con rastrillo californiano. Se procura con esto que no haya un exceso de pasos de maquinaria de preparación, para no dañar la estructura del suelo, y obviamente no contribuir a su compactación. Cabe mencionar que en la finca Buenos Aires, del municipio de Sesquilé, se hizo un manejo más intenso por insinuación del propietario, de pasar arado de discos y posteriormente rotovator, por lo que el suelo quedó mucho más suelto.

Para los sistemas empleados previamente se aplicaró cal, de acuerdo con las recomendaciones de análisis de suelos. En la pre-siembra, se hizo una mezcla con humus de lombriz, fosfato diamónico, microorganismos eficientes y un complejo de microorganismos entomopatógenos y fitopatógenos (fotografías 51 y 52).

Teniendo en cuenta las densidades de siembra por hectárea, se pueden sembrar de 17.000 a 20.000 plantas, para una producción de 50 a 100 toneladas (fotografías 53 y 54).

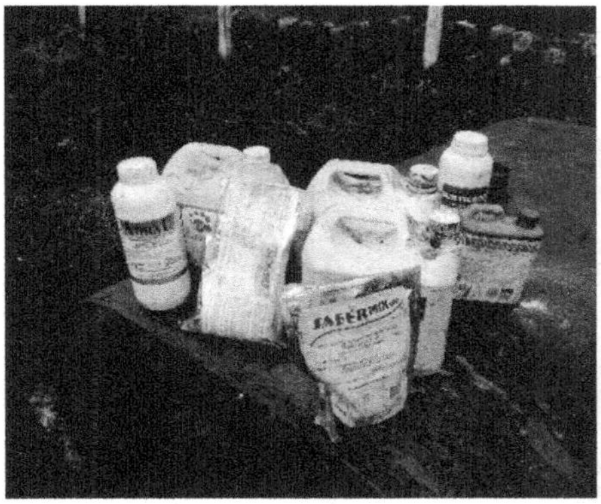

Fotografías 51 y 52. Aplicación de nutrientes y controladores biológicos. Finca El Rubí, Simijaca (Cundinamarca).

Fuente: Ing. Agr. Héctor Julio Moya Páez.

Fotografías 53 y 54. Izquierda: siembra en surco levantado 1,00 x 0,5 metros. Finca Buenos Aires, Sesquilé (Cundinamarca). Derecha: siembra sin levantar surco 1,20 x 0,5 m. Finca El Rubí, municipio de Simijaca (Cundinamarca).

Fuente: Ing. Agr. Héctor Julio Moya Páez.

Postsiembra

Después del trasplante, se mantiene un riego diario, durante los primeros ocho días, y posteriormente, durante un mes, dos riegos por semana, si no se presentan lluvias (fotografías 55 a 58). Al cabo de este tiempo, se realiza el primer aporque o deshierbe, y cada quince días, fertilizaciones foliares con nutrilatos orgánicos, para desarrollo, y bioinsecticidas, para comedores de hojas (*Copitarsia sp.*).

Fotografías 55 y 56. Siembras en surcos sin levantar, con preparación de suelos más intensa en el municipio de Sesquilé.

Fuente: Ing. Agr. Héctor Julio Moya Páez

Fotografías 57 y 58. Izquierda: cultivo después de un riego por gravedad (surcos). Derecha: labor de colección de hojas.

Fuente: Ing. Agr. Héctor Julio Moya Páez.

Cuando se decide que la producción implica la utilización de hojas para su venta en forma deshidratada (té de yacón), estas se aprovechan, estando las plantas aproximadamente de tres meses, tomando el tercer y cuarto par de hojas. Luego se deshidratan y muelen, para obtener tisanas —o infusiones herbales— o cápsulas, que se pueden utilizar como ayuda en el tratamiento de pacientes crónicos de diabetes.

 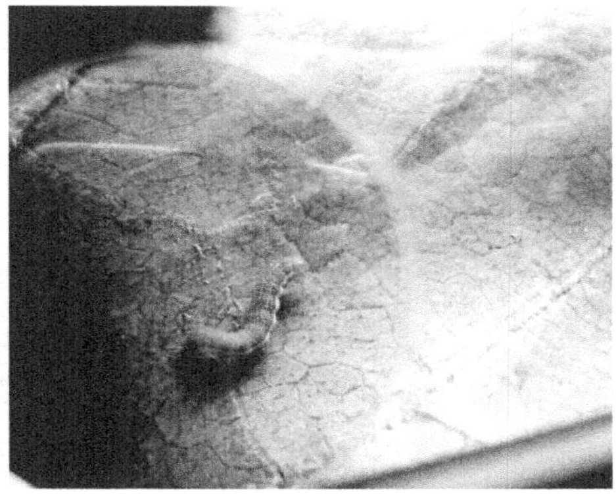

Fotografías 59 y 60. Izquierda: plantas afectadas por incidencia de plagas (insectos comedores de hojas). Derecha: larva de *Copitarsia sp.*

Fuente: Ing. Agr. Héctor Julio Moya Páez.

Cosecha

La labor de cosecha se puede iniciar cuando la flor comienza a secarse, aunque se ha observado que cuando las raíces del yacón se engruesan demasiado, este ya no es apetecido en el mercado para su consumo en fresco. En este caso, podría ser utilizado para producir deshidratados, harina o jarabe o miel, aunque falta iniciar una campaña más agresiva para incrementar el consumo de los subproductos (fotografía 61).

Desafortunadamente, no ha habido por parte del Instituto Nacional de Vigilancia de Medicamentos y Alimentos (Invima) la colaboración pertinente para la expedición de certificación del yacón ni como alimento, por considerarlo que solo cumple fines terapéuticos, ni como producto medicinal alternativo, aduciendo para ambas situaciones argumentos que constituyen una traba para su procesamiento industrial. Por lo tanto, esto ha frenado el consumo de la raíz y la consiguiente distribución de los subproductos en tiendas naturistas; más bien, está favoreciendo la introducción de esos derivados vía contrabando y fomentando la produción clandestina en el país.

En la zona de producción de Simijaca se ha podido obtener cosechas a los 7,5 meses, en épocas de moderado verano, pero en épocas de invierno ha llegado hasta los 9 meses. En la zona de Sesquilé, bajo los mismos parámetros climáticos, se incrementa el tiempo de producción en algo más de 15 días.

Fotografía 61. Yacón al momento de la floración.

Fuente: Ing. Agr. Héctor Julio Moya Páez.

Se calcula que la producción promedio por planta en la zona de Simijaca llega a 7 kilos promedio por planta (fotografía 62), y que por el contrario, en la de Sesquilé, a 5 kilos (fotografía 63). La experiencia nos ha hecho reflexionar respecto al tamaño que se debe producir, ajustando la densidad de siembra para obtener cultivos medianos, porque las pérdidas han estado por encima del 50 %, por tener que eliminar el tamaño extra, que puede pesar más de 1 kilo, y que mientras no tenga mercado se elimina, pudiendo ocasionar contaminación si no se le somete a un proceso de compostación.

Fotografías 62 y 63. Izquierda: cosecha de yacón en finca de Simijaca (2013). Derecha: vista panorámica del momento de cosecha en finca de Sesquilé (2014).

Fuente: Ing. Agr. Héctor Julio Moya Páez.

Difusión del yacón vía internet

Con el incremento de la demanda del yacón en Colombia, también aumentan las variedades de productos ofertados, que ya no solo se comercializan en las tradicionales plazas de mercado o tiendas naturistas, sino que también se anuncian en internet, a través de páginas propias, correos electrónicos o tiendas web.

En una rápida investigación sobre la comercialización de yacón y sus derivados, se encontraron una serie de productos y subproductos, obtenidos principalmente de manera artesanal, con variedad de precios entre productos análogos, muchos sin una marca determinada. Tampoco se asegura que las marcas nombradas estén registradas ante las autoridades competentes. Estos productos son ofertados desde Bogotá, municipios de Cundinamarca, Boyacá, Valle del Cauca, Santander y Quindío.

Tabla 4. Algunos productos derivados de yacón ofertados vía internet.

Producto	Marca	Precio público (COP)
Té de hoja de yacón, caja x 25 bolsitas	N/D	12.000
Yacón en cápsulas (importado) x 90	Vitacost	45.000
Cápsulas de yacón x 80	N/D	12.000
Jarabe de yacón 400 ml	N/D	11.000
Té de yacón	Anamalla	15.000
Mermelada de yacón	N/D	15.000
Azúcar de yacón x lb	N/D	46.000
Yacón en semilla (asexual-esquejes)	N/D	2000
Gotas de yacón 60 ml	N/D	8500
Miel de yacón	Colorganic	20.000
Aromática de yacón	Orgánicos Villa Aurora	9800
Hoja deshidratada x 25 gr	Orgánicos Villa Aurora	5800
Yacón Plus Cinnamon x 90	N/D	6000
Yacón fresco (raíces) x lb.	N/D	3500
Vino de yacón	N/D	20.000
Hoja de yacón fresca o deshidratada x lb.	N/D	20.000

Fuente: MercadoLibre Colombia (2016).

Potencialidades del mercado

Posibilidades en el biocomercio

El potencial para futuros negocios y el desarrollo de mercados nuevos con base en la diversidad biológica en los países andinos es sobresaliente en los aspectos relacionados con la agricultura diversificada, la biotecnología, el ecoturismo, el manejo de bosques, la reforestación, las fibras naturales, la acuicultura, la zoocría, los cultivos promisorios y el secuestro de carbono (Brack, 2000).

El yacón, como otras muchas especies de la amplia biodiversidad andina amazónica, se encuentra frente a un potencial de mercado muy interesante, que va más allá de su utilización como alimento fresco. Sin embargo, son necesarias ciertas pautas y recomendaciones para escalar la producción hacia el valor agregado y su incursión en los mercados globales. Núñez (2002) propone las siguientes: 1) a escala institucional o de gobierno, unificar la información y reordenar las líneas de investigación que permitan la promoción responsable del cultivo, el mejoramiento constante de la tecnología de producción y los procesos industriales para el producto propuesto; 2) desarrollar, hacer pruebas de mercado y estandarizar productos derivados del yacón y otros posibles con mayor valor agregado.

Según el Proyecto Perú Biodiverso (2010), la cadena del yacón es la que mayor crecimiento ha presentado en ese país, con un 71 % en términos de exportaciones. Para el yacón peruano, el mercado más importante es EEUU, con el 65 % de participación en 2008. Posteriormente, Reino Unido y Japón representan los siguientes mercados, con 9 % cada uno. En las presentaciones, el jarabe de yacón tiene una participación de 40 %, mientras que el deshidratado y las cápsulas, el 18 % y 14 %, respectivamente.

Últimas cifras de las entidades de exportación peruanas indican que a 2010 el valor libre a bordo (FOB, por sus siglas en inglés, *free on board*) de las exportaciones de yacón sobrepasaron los 604.000 dólares, para 38.159 kilogramos de volumen bruto. Si bien el precio fue fluctuante en la década pasada, ha evolucionado desde los 5,40 dólares por kilogramos a los 15,84 dólares que los importadores pagaron hacia 2010 (tabla 5).

En el Perú, por la trascendencia que significa el aprovechamiento de la amplia biodiversidad, se ha gestado la Agenda de Investigación e Innovación para el Biocomercio (AIIB), iniciativa apoyada por la organización alemana GTZ.

Tabla 5. Evolución de las exportaciones de yacón en Perú.

Año	Valor FOB en dólares	Volumen bruto (Kg)	Valor unitario promedio dólares/ Kg	Variación % del valor FOB	Variación % del volumen bruto (Kg)
2001	20.579,85	3.835,37	5,37		
2002	151.887,30	19.765,46	7,68	638,04	415,35
2003	33.356,17	2.815,71	11,85	-78,04	-85,75
2004	104.853,33	12.134,79	8,64	214,34	330,97
2005	87.576,37	8.920,54	9,82	-16,48	-26,49
2006	152.531,04	17.883,55	8,53	74,17	100,48
2007	213.512,39	18.553,92	11,51	39,98	3,75
2008	327.707,66	30.061,19	10,90	53,48	62,02
2009	351.469,76	25.114,48	13,99	7,25	-16,46
2010	620.207,86	40.425,09	15,34	76,46	60,96
2011	1.094.937,74	60.010,27	18,25	76,54	48,45
2012	1.423.458,97	78.975,76	18,02	30,00	31,60
2013	1.236.530,56	73.197,43	16,89	-13,13	-7,32
2014	2.900.183,43	176.996,05	16,39	134,54	141,81
2015	1.884.490,28	107.263,56	17,57	-35,02	-39,40
2016 (parcial)	766.706,80	47.057,25	16,29	-59,31	-56,13
	11.369.989,51				

Fuente: http://www.siicex.gob.pe/siicex/apb/ReporteProducto.aspx?psector=1025&preporte=prodresu&pvalor=1953

Es una propuesta de estrategia para la investigación en biocomercio, que tiene como misión:

> Facilitar la investigación que contribuya a identificar y aprovechar el valor de la biodiversidad mediante el desarrollo de procesos, productos, mercados y economías locales, para crear condiciones de sostenibilidad ambiental que coadyuven a la conservación, el uso sostenible y la distribución equitativa de beneficios. (Perú Biodiverso, 2010)

La tendencia a escala mundial hacia el consumo de productos naturales y saludables, sumada a una preocupación por el uso de edulcorantes artificiales y sus posibles consecuencias, son factores determinantes que permitirán incrementar el consumo de productos como el yacón. Sin embargo, en Colombia, para identificar las oportunidades comerciales de los edulcorantes comerciales y sus derivados en el mercado nacional, es preciso considerar los factores que, en mayor o menor grado, determinan la viabilidad de comercialización. Estos factores se pueden generalizar como factores de mercado, técnicos y económicos (Torres, 2004).

Los cambios inherentes al proceso de globalización obligan a elevar la competitividad de la agroindustria rural de la región como generadora de empleos y mejoramiento de la calidad de vida para acceder a mercados más amplios; en este contexto, los productos promisorios y nutraceúticos, entre otros, son relevantes, porque permiten insertar esa actividad al futuro de la agricultura y el desarrollo rural (Boucher, 2000).

Por lo tanto, se deben iniciar serios procesos de investigación para el desarrollo de estos productos, y así prepararlos eficazmente para la competencia global, con miras a establecer alianzas estratégicas con empresas globales, que estarían interesadas en desarrollar productos dirigidos a negocios, como sería el yacón en el área de la salud (Aznarán, 2002). Uno de los elementos diferenciadores de las iniciativas de biocomercio es la implementación de prácticas de buen manejo y conservación de los recursos naturales en el sistema productivo y en los ecosistemas involucrados, identificados en todo el ciclo de vida del negocio (Arcos y Ochoa, 2006).

Por ser Colombia uno de los países con más biodiversidad en el mundo, mucho se enfatiza en su gran potencial en el mercado de ingredientes naturales. Pero siendo un país megadiverso, la mayoría de la flora con propiedades medicinales no se utiliza comercialmente por dos razones: 1) las empresas organizadas y las iniciativas comunitarias que producen materias primas de manera sostenible son escasas; 2) la legislación no permite el uso de la mayoría de las plantas endémicas y nativas en los productos terminados (Zuloaga, 2009).

De esto se desprende que iniciativas de agronegocio en torno a esta importante especie queden truncadas hacia su transformación superior (por ejemplo extracción de inulinas y otros), y en consecuencia, que las investigaciones y la aplicación de fitoquímicos en diversas áreas sean prácticamente nulas.

La transformación del producto fresco de yacón en Colombia ha llegado hacia la elaboración artesanal de mieles, dulces y otros derivados sencillos, a cargo de pequeños productores de la zona andina; estos se ubican en la zona cafetera y en algunos municipios de Tolima, Boyacá y Cundinamarca.

La importancia de los fructooligosacáridos

Al hablar del yacón se incursiona en la amplitud y posibilidades de los principales constituyentes almacenados en sus raíces reservantes: los fructooligosacáridos (FOS) y la inulina. Estos representan una importante tendencia de la agroindustria para los próximos años, debido a sus aplicaciones técnico-científicas y de innovación productiva en los aspectos nutricionales, tanto en personas como en animales (figura 2).

Figura 2. Principales funciones de los FOS.

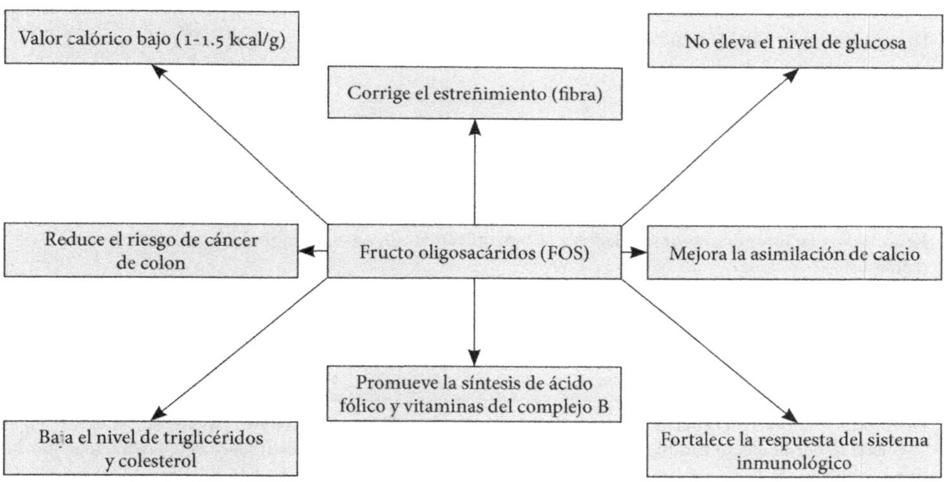

Fuente: Manrique *et al.* (2005b).

De todos los polisacáridos y oligosacáridos no digeribles, solo los fructooligosacáridos son actualmente los únicos reconocidos y utilizados en alimentos como prebióticos, al cumplir con todos los criterios de clasificación y seguridad alimentaria. No solo son los más estudiados, sino además los más utilizados y los que presentan un mejor efecto general (Olesten y Gudmon-Hoyer, 2000; Rosado y Ordanza, 2003; Roberfroid, 2001; Pujato, 2002, citados en Chacón-Villalobos, 2006). En la tabla 6 se exponen los diversos beneficios de los FOS para la salud humana.

Tabla 6. Efecto benéfico de los fructooligosacáridos (nutricionales y funcionales).

Reducen patógenos intestinales en el colon, así como sus posibilidades de colonización y translocación. Cumplen una función importante en grupos de riesgo como inmunodepresos y ancianos.
Mantienen el estado de salud y reducen el riesgo de padecer una enfermedad.
Rebalancean las actividades metabólicas, como es el caso de la homeostasis lipídica, fortalecen las funciones inmunes del organismo y mejoran la biodisponibilidad de nutrientes.
Favorecen el desarrollo de la mucosa intestinal, aumentando la resistencia a las enfermedades intestinales por un mecanismo de barrera.
Ayudan a evitar el estreñimiento al permitir una mejor formación del bolo fecal y favorecer la movilidad intestinal.
Previenen la arteriosclerosis, enfermedades cardiovasculares e hipertrigliceridemia, las cuales están asociadas a las dietas hipercalóricas.
Disminuyen el riesgo de obesidad y de padecer de diabetes tipo 2.
Mejoran la intolerancia a la lactosa.
Controlan los niveles de azúcar en la sangre; se han reportado mejorías en la condición general de diabéticos cuando se emplean dosis altas de alrededor de 40-100 g/día.
Reducen los niveles de triglicéridos, colesterol y lipoproteínas.
Reducen los factores de riesgo asociados a la hiperglicemia (un estudio en mujeres postmenopáusicas coreanas así lo confirma).
Optimizan la absorción del calcio (se observa un marcado incremento del contenido de este mineral en el hueso) y, por ende, previenen enfermedades como la osteoporosis.
Disminuyen la uremia y la amonemia.
Disminuyen la diarrea, especialmente cuando está relacionada con infecciones gastrointestinales, lo cual se puede deber al efecto inhibidor de las bifidobacterias sobre los agentes infecciosos, favorecidas por la presencia de los FOS.

Fuente: elaboración propia con base en Chacón-Villalobos (2006).

En el mundo, las principales fuentes de oligofructanos son la achicoria (*Cichorium intybus*), la alcachofa (*Cynara scolymus*), el topinambur (*Helianthus tuberosus*), la alcachofa globo (*Cynara cardunculus*), el yacón (*Smallanthus sonchifolius*) y la dalia (*Dahlia pinnata Cav.*). La inulina proveniente de la achicoria es la más industrializada a escala mundial, principalmente en países de la Comunidad Europea.

La inulina, y en general los FOS, ofrecen beneficios para la salud y se usan en la formulación de alimentos funcionales, con propiedades ampliamente explotadas a escala comercial. Adicionalmente, la inulina y sus derivados tienen aplicación en la industria química, farmacéutica, de procesamiento y de alimentación animal. Se ha considerado incluirla dentro de la lista de materiales bioactivos y se ha propuesto catalogar a los fructanos como "fibra funcional", lo que sustituiría la clasificación tradicional con los términos de fibra soluble e insoluble (Madrigal y Sangronis, 2007). Las siguientes son algunas aplicaciones de los FOS y la inulina en la industria alimenticia:

- Como sustituto de la grasa en embutidos, postres lácticos, cremas, helados, etc.
- Como insumo para panaderías.
- Como insumo para la elaboración de productos a base de cereales.
- Como sustituto del azúcar común en la fabricación de chocolate.

Inglaterra es el líder mundial en la producción de inulina, y Europa, su principal consumidor. Sus principales fuentes de origen son la achicoria y el agave, pero la producción de esta planta a escala internacional no es significativa.

Según Chacón-Villalobos (2006), en el mercado actual, los edulcorantes de bajo valor calórico están empezando a tener un marcado auge, especialmente los oligofructanos. Estos carbohidratos presentan una serie de características funcionales que los hacen muy atractivos. La población mundial toma cada vez más conciencia de los beneficios inherentes al consumo de fibra. Se estima que el mercado de los alimentos funcionales crece alrededor de un 15-20 % anualmente, en una industria cuyo valor, según los cálculos, se estima en 33 billones de dólares.

Aunque el mercado actual está dominado por compañías japonesas, el interés europeo crece con celeridad, lo que se refleja en una amplia gama de productos emergentes. Son nuestros países latinoamericanos los que no muestran aún un repunte documentado en este apartado. Según Martínez (2009), el yacón puede ser una excelente materia prima para la exportación de FOS e inulina, así como de sus derivados, por lo cual las universidades deberían darle una prioridad en sus investigaciones, en un contexto de aplicación de la biotecnología con miras al mejoramiento genético, protección y conservación de la biodiversidad.

Chile exportó entre enero y abril de 2008 más de 16 millones de dólares en inulina proveniente de la achicoria. Los principales mercados son Estados Unidos, México y Argentina, que abarcan cerca del 80 % de las ventas totales. El único exportador de inulina en Chile es la empresa Beneo-Orafti, que exporta la inulina y la oligofructosa a distintos clientes mundiales, principalmente al mercado de América del Sur, Estados Unidos y, a partir de 2008, Asia (Chile Potencia Alimentaria, 2008).

Actualmente, se encuentran en el mercado nacional colombiano algunos productos que utilizan inulina y análogos, como yogures y jugos (no se han incluido en otras fuentes, por desconocimiento de su utilidad). Es evidente que en el ámbito industrial hay una carencia de profesionales nutricionistas y una gran falencia en el conocimiento de la función que podría llegar a ejercer sobre la nutrición humana cada uno de los productos (Ramírez, 2012).

El mismo autor señala que la utilización de este tipo de compuestos es un área importante que la industria colombiana debe empezar a investigar, con el fin de contribuir a la producción de alimentos realmente funcionales —no solo en términos netamente químicos y de su transformación, sino de la nutrición humana.

Capítulo 2. Aspectos agronómicos de la producción de yacón

Aspectos ecofisiológicos

De las investigaciones que se han realizado en diversos ecosistemas, se desprende que el ciclo biológico del yacón cambia según su morfotipo y los factores del clima. Por ejemplo, en el norte del Perú, a los 2400 msnm (Cajamarca), la floración tiene un periodo de 6 a 8 meses, y el ciclo total del cultivo puede durar de 10 a 12 meses; a los 1600 msnm (Bagua), la floración se inicia a los 4 meses y la cosecha de raíces, a los 7 u 8 meses; en la región central, a los 1800 msnm (Oxapampa), la cosecha se hace a los 6 meses. Asimismo, en iguales condiciones climáticas, la fenología varía de acuerdo con el morfotipo. En Cajamarca, el yacón de hojas púrpura tiene un ciclo total de 303 días; el de hojas verde claro, de 320 días, y el de hojas verdes, de 348 días (Chuya Soncco, 2006).

El crecimiento óptimo se produce bajo temperaturas entre 18 y 25 °C —las hojas toleran temperaturas hasta de 40 °C sin daño evidente—. Temperaturas nocturnas bajas en lugares de altitud media llevan a un desarrollo óptimo de raíces de almacenaje, mientras que zonas bajas cálidas favorecen un mayor desarrollo de propágulos.

Vilhena, Câmara y Kakihara (2000), con base en estudios realizados en Capão Bonito (Brasil), refieren que el yacón es una especie extremadamente adaptable al clima, altitud y suelo, que requiere dos cuidados básicos: aprovisionamiento de agua y control de malezas. Sin embargo, el efecto de los factores ambientales (altitud, temperatura, precipitación, radiación, tipo de suelo) y las variables fisiológicas podrían ser una razón para la gran fluctuación en los índices refractométricos, rendimientos y número de raíces del yacón en diversos lugares de desarrollo (Bürkert y Finckh, 2003).

El Instituto Valle Grande de Cañete (Perú), a partir de una investigación con dos biotipos de yacón, comprobó la adaptabilidad del cultivo a las condiciones de costa, con un rendimiento promedio de 20 toneladas por hectárea (Promotora de Obras Sociales y de Instrucción Popular [Prosip], 2006).

En Colombia, debido a la carencia de investigaciones, solo se tiene algunos reportes de experiencias con el cultivo, como la de García (2000), que manifiesta que la planta de yacón presenta en Colombia buena adaptación por encima de los 1200 msnm, hasta los 2700 msnm.

Polanco (2008) expresa que para hacer del yacón una excelente alternativa de cultivo en Colombia, especialmente para los agricultores de la zona cafetera y la zona cafetera marginal, se requiere profundizar en los conocimientos científicos y tecnológicos que se tienen de su verdadera diversidad y variabilidad genética, de su potencial biológico y agronómico y de sus requerimientos medio ambientales, para darle un manejo adecuado y sostenible.

Hernández (2009) ha efectuado ensayos comparativos de adaptación y rendimiento del yacón, entre 1999 y 2003, en las condiciones de la zona central cafetera colombiana. Las conclusiones son interesantes:

- Un kilogramo de semilla produce, para las condiciones del ensayo, entre 135,1 y 143,5 kilogramos de raíces tuberosas.
- Se producen 2,8 toneladas de raíces tuberosas por cada tonelada de fertilizante orgánico aplicado.
- Se producen 70 kilogramos de raíces tuberosas por cada jornal empleado.
- Un kilogramo de semilla produce, para las condiciones del ensayo, entre 37,8 y 40,1 kilogramos de edulcorante.
- Se producen 640 kilogramos de edulcorante por cada tonelada de abono orgánico aplicado.
- Se producen 16 kilogramos de edulcorante por cada jornal empleado.
- Un kilogramo de semilla produce, para las condiciones del ensayo, entre 40,35 y 42,15 kilogramos de forraje.
- Se producen 800 kilogramos de forraje por cada tonelada de abono orgánico aplicado.
- Se producen 20 kilogramos de forraje por cada jornal empleado.

Caracterización morfológica

El yacón es una especie con gran diversidad de biotipos ampliamente distribuidos en la Región Andina; de ahí que diversos investigadores hayan colectado e investigado un sinnúmero de accesiones de esta especie, principalmente en Perú, las cuales se ubican en el Centro Internacional de la Papa (CIP), en centros de investigación oficiales y universidades.

Según Arbizu *et al.* (citados en Tello, 2002), en los bancos genéticos andinos existen 443 accesiones de yacón. Asimismo, según la FAO (citada en Barrera *et al.*, 2004), formas silvestres de la jicama o yacón fueron encontradas por Bukasov en la meseta de Cundinamarca, en Colombia. En todos los estudios se encontró una amplia variabilidad en los diversos parámetros de medición empleados: brotes por planta, altura de la planta, largo y ancho de las hojas, número, peso y longitud de raíces tuberosas, coloración de la piel, entre otros.

Al evaluar otros materiales, Melgarejo (1999) estudió la fenología de 24 entradas de yacón en Perú, y encontró promedios de: brotamiento de propágulos: 27 días; altura de las plantas: 2,7 metros; diámetro de tallos: 22,8 milímetros; número de tallos: 3,1; y número de entrenudos por tallo: 11,7.

Machado, Oliveira, Dip y Menezes (2004) refieren que el yacón es una especie herbácea que ha sido introducida en diversos países, incluido Brasil, debido a su potencial alimenticio, forrajero y, principalmente, como sustrato para la producción de inulina. Estos autores afirman que si bien los aspectos agronómicos y bioquímicos de esta planta son relativamente conocidos, poco se sabe sobre la morfología y la naturaleza del sistema subterráneo, principal fuente de inulina. Se ha verificado que es de naturaleza mixta, constituido por rizóforos (propágulos) y raíces delgadas y tuberosas, ambas adventicias. Canales secretores de sustancias lipídicas están presentes en los rizóforos y raíces.

Mansilla, López, Blas, Chia y Baudoin (2006) indican que los resultados de caracterización molecular de 30 accesiones de yacón muestran que no habría duplicación de genotipos en la colección, y aparentemente habría bajos niveles de polimorfismo. Asimismo indican que la variación interregional sería de 21,14 %, mientras que la intrarregional, de 78 %, con una mayor diversidad de esta especie en la región central del Perú.

En un estudio sobre una colección de yacón y otras especies, realizado por la Universidad Nacional de Cajamarca, Perú (CIP Upguard, 1995), se diferencian tres tipos básicos de plantas de yacón. El primero corresponde a una planta ramificada desde la base, con tallos gruesos de color púrpura, hojas verde oscuro y flores medianas a grandes; raíces de color púrpura —de forma alargada y elíptico alargada— y pulpa de color anaranjado claro. El segundo tipo se caracteriza por una planta ramificada solo en la parte superior, con ramas pequeñas, tallos delgados de color verde amarillento a verde claro, hojas verde claro y flores amarillas pequeñas; raíces tuberosas en color crema —más voluminosas que en el tipo anterior— y pulpa de color melón. El tercer tipo se caracteriza por plantas con ramificaciones en la base o en el tallo —de coloración verde con pigmentación púrpura—, hojas más grandes que las anteriores y flores anaranjadas y más grandes; raíces tuberosas blanco cremosas y pulpa de color claro; son más tardías. Dentro de cada grupo hay varias diferencias en términos de caracteres cuantitativos (peso, tamaño, volumen, etc.).

En todo caso, las investigaciones sobre el comportamiento y expresión fenotípica de la gran cantidad de accesiones de esta especie implican la conveniencia de la creación de colecciones *ex situ*. De ahí que para Seminario (2004), el enfoque de conservación *ex situ* es fundamentalmente etnobotánico, lo cual implica la colección del material biológico (5 a 10 propágulos por entrada) y colecta de información sobre aquel y sobre los aspectos ecológicos y culturales que sustentan su conservación y uso. La propagación y conservación del germoplasma es vegetativa y se realiza en parcelas o jardines de colecta, en varios lotes y predios.

Para Mansilla *et al.* (2006), debido al incremento de las áreas de cultivo de yacón, se hace necesario identificar y estudiar diversos caracteres y estrategias de mejora que permitan encontrar genotipos adecuados para la industria alimentaria. Este proceso requiere evaluar e identificar la variabilidad genotípica y fenotípica.

Los estudios sobre los morfotipos y el mejoramiento genético en yacón son de suma utilidad para encontrar calidad, perecibilidad y otros parámetros requeridos por la agroindustria, ya que la experiencia de Perú en su industrialización indica, por ejemplo, que hay morfotipos más resistentes al pardeamiento enzimático, y que se requiere de tamaños adecuados para mejorar el manejo mecánico poscosecha (Flores, 2010).

Un trabajo de gran interés, y que sienta las bases para el estudio de la diversidad genética de esta especie en Colombia, tanto en lo fenológico como en lo concerniente a su caracterización molecular, ha sido el efectuado recientemente por Polanco (2011) en la zona cafetera del país. Se trata de una meticulosa investigación que involucró la colección, caracterización morfológica y molecular sobre diez biotipos procedentes de cinco departamentos del Eje Cafetero. Los resultados obtenidos indican una gran diversidad en los caracteres cuantitativos estudiados.

Polanco refiere que una vez realizado el análisis de clúster, se conformaron tres grupos. Con una contribución de 58,77 %, para los atributos de las *raíces tuberosas* (rendimiento en peso de las raíces), se agruparon en el primer clúster las accesiones procedentes de los municipios de Calarcá, El Dovio, Ibagué, Neira y Riosucio. Con una contribución del 23,87 %, para el atributo *plantas doble propósito*, se agruparon en el segundo clúster las accesiones de Salento, Santa Rosa de Cabal y Trujillo. Y con una contribución del 17,36 %, para el atributo *plantas exuberantes*, se encuentra en el tercer clúster la accesión procedente de Pereira, que presenta la mayor altura de planta y la mayor cantidad de hojas, ramas (20 en promedio) y hojas caídas, pero con menor peso y diámetro de sus raíces tuberosas. De esta investigación se desprende que las accesiones del grupo uno son las más apropiadas para la producción de raíces; las del grupo dos, para la producción doble propósito (raíces y hojas); y la accesión del grupo tres, para la producción de hojas.

En el análisis de correlación con respecto al rendimiento de la planta en peso de tubérculos, los caracteres con mayor correlación positiva fueron: el número de raíces tuberosas y el diámetro (r=0,8382 y 0,8654, respectivamente). En cambio aquellos descriptores relacionados con la exuberancia de la planta, como número de ramas, número de hojas por rama, ancho de la hoja y producción de capítulos florales, son los que más influyen negativamente sobre el peso final de raíces tuberosas.

Asimismo, el análisis de correspondencia múltiple, que evaluó la variabilidad de los materiales, en correspondencia con los descriptores morfoagronómicos cualitativos, clasificó los materiales colectados en cuatro grupos. Estos guardan concordancia con los caracteres morfológicos cualitativos, que difieren en color del tallo y de las hojas, color externo e interno y forma de las raíces tuberosas. Finalmente, en el germoplasma estudiado, existe la evidencia de que existen caracteres importantes, que pueden servir para la selección de posibles parentales con caracteres cualitativos deseables para mejoradores, agricultores y consumidores.

Algunos reportes de producción

El yacón es una planta considerada de aprovechamiento de doble propósito: tanto para la alimentación humana como para la animal, se aprovechan tanto las hojas como las raíces tuberosas o reservantes. Las características agronómicas, el tipo de suelo, las condiciones climáticas y ecológicas, el uso o no de fertilizantes y las técnicas aplicadas de cultivo influyen en la producción y en el contenido de nutrientes presentes en la raíz del yacón, lo cual justificaría las diferencias en cuanto a la cantidad de nutrientes presentados en muestras procedentes de diversas zonas de estudio (Muñoz, Blanco, Serván y Alvarado, 2006). Grau y Rea (1997) reportan diversos rendimientos en toneladas de raíces por hectárea, obtenidos por algunos investigadores de Perú, Ecuador y Brasil (tabla 1).

TABLA 1. Productividad máxima de yacón obtenida en diferentes medioambientes, asumiendo una densidad de 10.000 plantas por hectárea.

LUGAR	RENDIMIENTO (T/HA)	REFERENCIAS
Ahuabamba, Perú	28	Lizárraga *et al.*, 1997
Santa Catalina, Ecuador	74	Castillo *et al.*, 1988
Cajamarca, Perú	95	Seminario, 1995
Capão Bonito, Brazil	100	Kakihara *et al.*, 1996

Fuente: Grau y Rea (1997).

Córdoba y Galecio (2004), al trabajar con dos biotipos de yacón (amarillo y blanco) en Perú, entre 1.600 y 2.400 msnm, encontraron que el primer biotipo superó al segundo, con un porcentaje de brotamiento de hasta 89,25%, y un rendimiento de hasta 26,75 toneladas por hectárea, debido al mayor potencial genético varietal, aunado a condiciones adecuadas de clima (templado y ligeramente frío).

Pardo (2006) refiere que en el mundo existe un amplio rango de rendimientos, desde 10 hasta un máximo de 100 toneladas por hectárea. Sin embargo, en su zona de trabajo en la República Argentina, los reportes de campos comerciales están entre las 15 y las 35 toneladas por hectárea. Fernández, Viehmannová, Lachman y Milella (2006) confirman que el factor que más influye en los rendimientos en yacón es la suma de las precipitaciones durante el periodo vegetativo, por lo que sugieren utilizar clones de rápido crecimiento y desarrollo, y la provisión de suficiente irrigación al cultivo.

En Colombia, Hernández (2009) reporta que el balance en un sistema agroecológico de yacón en la zona cafetera reporta unas salidas de 32 toneladas por hectárea de raíz comestible, lo que indica una relación de 162 kilogramos de producto por kilogramo de semilla sembrado, y de 48,5 toneladas por hectárea de biomasa, que puede ser destinada para mejorar las condiciones del suelo o como forraje, para una relación de 242,5 kilogramos de biomasa producida por cada kilogramo sembrado y una relación parte aérea/raíz de 1,5. Para esta investigación, Hernández no fertilizó el cultivo, por lo que queda como interrogante cuál puede ser la capacidad extractora de nutrientes del yacón.

Biotipos de yacón trabajados en Bogotá

Si bien el estudio de esta especie, desde la lectura de las experiencias investigativas y productivas en diversos ecosistemas del país y del exterior, es interesante y motivante, no tendrá una debida trascendencia hasta que no se establezca un contacto real con este cultivo. De ahí la iniciativa de trabajar en campo con dos biotipos colombianos de yacón.

En las siguientes páginas se hace una sencilla descripción de los principales rasgos morfológicos de tales biotipos y una reseña de su comportamiento agronómico bajo condiciones de campo abierto e invernadero en una finca de la Sabana de Bogotá (2600 msnm). Las fotografías que se presentan son el mejor descriptor de ambos biotipos estudiados, sobre los cuales se irán generando nuevas investigaciones, dirigidas hacia la innovación agroindustrial que requiere el país.

Biotipo rojo

La semilla de este biotipo provino del municipio de Santa Rosa de Cabal, departamento de Risaralda. Las plantas muestran un crecimiento rápido (superan fácilmente los 1,50 metros de altura, entre 1100 y 2700 msnm), buenas condiciones de humedad y fertilización básicamente orgánica. Los tallos son de coloración verde, con manchas violáceas o rojizas. Una sola planta puede tener de 3 a 5 tallos, con un diámetro promedio de 2,12 centímetros en la base de la planta hasta 0,98 centímetros en el ápice. En el tercio medio, el diámetro de los tallos llega a un promedio de 1,6 centímetros. Asimismo, cada tallo tiene entre 12 y 13 nudos, desde la base hasta el ápice. Las hojas jóvenes en la parte apical muestran coloración verde oscuro a violáceo, como puede apreciarse en la fotografía 1.

Fotografía 1. Zona apical del tallo de biotipo rojo en fase de floración.

Fuente: los autores.

Este biotipo presenta una tendencia a producir gran cantidad de propágulos, si encuentra situaciones favorables (aporque alto, contenido alto y continuo de humedad del suelo y fuerte fertilización orgánica). En cuanto a la forma y tamaño de las raíces reservantes, es frecuente encontrar redondeadas y alargadas. La masa de los propágulos es bastante compacta, con su característica coloración de piel vino tinto a rosada (fotografías 2 y 3).

Fotografías 2 y 3. Izquierda: formas redondeadas y alargadas de raíces recién extraídas de biotipo rojo. Derecha: cabezas de propágulos.

Fuente: los autores.

Biotipo blanco

El material de siembra de este biotipo procede del Parque Temático Chaquén, en la región de Sumapaz, cuya actividad fue descrita en el capítulo anterior. Las plantas de este biotipo muestran un crecimiento lento al inicio, tallos de coloración verde pálido a verde oscuro, tallos vigorosos (en menor número que en el biotipo rojo) y hojas bastante grandes (en comparación con el biotipo rojo) (fotografía 4).

Tanto tallos como hojas tienen una coloración verde intenso, con una marcada venación de color amarillento claro y pubescencia en las hojas. Las inflorescencias son abundantes y las flores, hasta un 100 % más grandes que las del biotipo rojo (fotografías 5 y 6).

Fotografía 4. Planta de biotipo blanco mostrando su vigorosidad en la primera fase de crecimiento.

Fuente: los autores.

Fotografías 5 y 6. Dos momentos de floración en plantas de biotipo blanco.

Fuente: los autores.

Las raíces reservantes de este biotipo son de diversas formas y tamaños; en este caso, predominan las alargadas de forma cilíndrica, y se presentan aglomeradas en torno al eje radicular (fotografía 7). El color de la piel es crema.

Fotografía 7. Masa radicular recién extraída de biotipo blanco.

Fuente: los autores.

Propagación del yacón

La propagación o multiplicación del yacón se hace básicamente a través de los propágulos o yemas, ubicados en la cepa o corona (fotografía 8). Este es un órgano subterráneo sobre el cual se desarrollan abundantes yemas vegetativas, cuyos tejidos almacenan sustancias de reserva (carbohidratos simples y fructooligosacáridos) que posiblemente sirven de alimento a las yemas en su proceso de brotamiento (Seminario, Valderrama y Manrique, 2003).

Los mismos autores refieren que la floración y producción de semillas no es bien conocida; aunque se sabe de ciertos problemas como la *protoginia* (apertura y receptividad de las flores femeninas antes de la liberación del polen), la polinización cruzada, la baja fertilidad del polen y un muy bajo poder germinativo de la semilla. Por lo tanto, la propagación a través de semilla botánica no tiene ninguna aplicación comercial; únicamente la propagación vegetativa a través de propágulos, por su facilidad, economía de manejo y resultados obtenidos. La propagación vegetativa a base de esquejes y nudos de tallos en crecimiento ha producido excelentes resultados, lo cual es muy importante cuando se quiere escalar la multiplicación en un menor tiempo.

Fotografía 8. Cepa o corona con propágulos con las yemas y parte del sistema radicular.

Fuente: los autores.

Valderrama, Acero y Díaz (2006), al trabajar en Chuquibamba (2120 msnm) y en Siguis (2320 msnm), en el departamento de Cajamarca (Perú), encontraron resultados iniciales alentadores con dos formas de propagación de yacón: por esquejes y por nudos de tallo enraizados, y recomiendan seguir trabajando en ellos. Los rendimientos obtenidos en la primera localidad (multiplicados por propágulos) fluctuaron entre 35 y 61 toneladas por hectárea, mientras que en Siguis (propagación por esqueje) los rendimientos variaron entre 15 y 28 toneladas por hectárea. Esta diferencia en rendimientos estaría más relacionada con el manejo del cultivo y la disponibilidad del recurso agua, que con la forma de propagación.

Si bien la producción del yacón se efectúa generalmente a través de pequeños monocultivos, existen muchas experiencias de asociación con cultivos transitorios y permanentes. Fairlie, Bermúdez y Holle (1999) refieren que el yacón puede crecer en fincas de pequeños agricultores en forma de monocultivo, asociado con frijol arbustivo, maíz para choclo, papa y hortalizas como el repollo (*Brassica oleracea*); alrededor de cultivos de papa y maíz, y en el interior de los huertos familiares.

Propagación vegetativa a través de propágulos

Con base en las investigaciones consultadas y la revisión bibliográfica sobre el tema de la propagación en el yacón, puede afirmarse que la multiplicación del material a través de la propagación vegetativa, mediante la siembra de los propágulos, es la forma más sencilla y efectiva (fotografía 9).

Villagómez (2010) recomienda cortar los propágulos (órganos de propagación) con un bisturí y ubicarlos, cada uno, en materas o bolsas plásticas, para, después de que hayan prendido, trasplantarlos a tierra. Al momento de la siembra, el distanciamiento debe ser de 1,20 metros entre surcos y de 0,80 metros entre plantas.

Fotografía 9. Propágulos después de la disección de la cabeza madre de una planta.

Fuente: los autores.

Es importante saber que al momento de la disección, los propágulos obtenidos son muy heterogéneos, en forma y tamaño. Cada propágulo presenta de 1 a 3 yemas, y los pesos pueden fluctuar entre 27 y 90 gramos, aproximadamente, con lo que se obtiene un promedio de 44,60 gramos.

Seminario (2008) afirma que la propagación por porciones de cepa es una de las formas tradicionales de siembra del yacón en el Perú: luego de la cosecha, se corta la cepa en trozos, con un peso aproximado de 75 a 80 gramos y varias yemas. Si una planta produce una corona de 2500 gramos, de esta se pueden obtener 33 propágulos o semillas, aproximadamente. Si la siembra es a distanciamientos de 0,90 y 0,50 centímetros (entre surcos y plantas, respectivamente), es decir, de 18.518 plantas por hectárea, se requieren 560 coronas para sembrar 1 hectárea.

En experiencias realizadas en la Sabana de Bogotá (2600 msnm), no hubo proceso de desinfección química y tampoco se aplicó un estimulante de enraizamiento, como lo hicieron algunos investigadores, entre ellos Rivas (2004), quien utilizó propágulos de 3 a 4 yemas vegetativas y recomienda la desinfección mediante la inmersión de estos en una solución de 125 mililitros de hipoclorito de sodio en 25 litros de agua, aunque también emplea ceniza en la zona de corte del propágulo.

La experiencia se narra, a través de los pasos seguidos en el trabajo de campo. Se utilizó material de propagación del biotipo rojo; los propágulos seccionados se colocaron en canastillas plásticas (para frutas y verduras), cubiertos con desechos vegetales de jardinería. De inmediato, se roció agua, hasta dejar completamente humedecido el sustrato en referencia (fotografías 10 y 11).

Aproximadamente a las tres semanas, los propágulos empezaron a emitir brotes, aunque no de una manera uniforme; esto fue suficiente para proceder a su trasplante a campo definitivo, después de unos días de la aparición de aquellos (fotografías 12 y 13).

Para obtener un mayor número de plantas, el tamaño de los propágulos se puede reducir hasta solo 1 yema, lo cual alcanza un peso promedio por propágulo de 18 a 20 gramos (fotografía 14).

Fotografías 10 y 11. Izquierda: disposición de propágulos en canastas plásticas con desechos vegetales (pasto seco). Derecha: propágulos ya brotados.

Fuente: los autores.

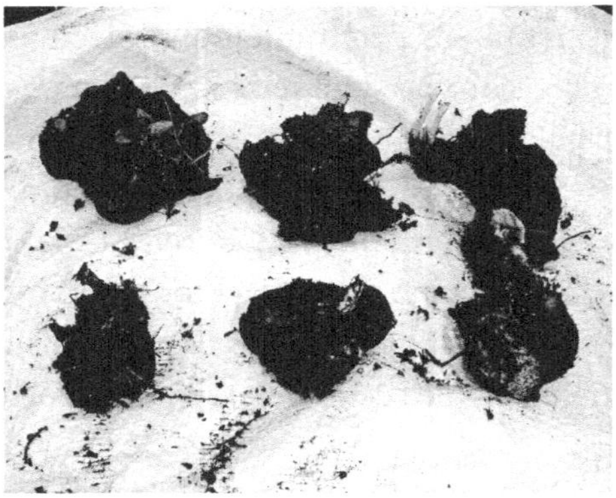

Fotografías 12 y 13. Izquierda: propágulos de biotipo rojo al inicio de brotamiento. Derecha: propágulos de biotipo rojo listos para su trasplante a campo definitivo.

Fuente: los autores.

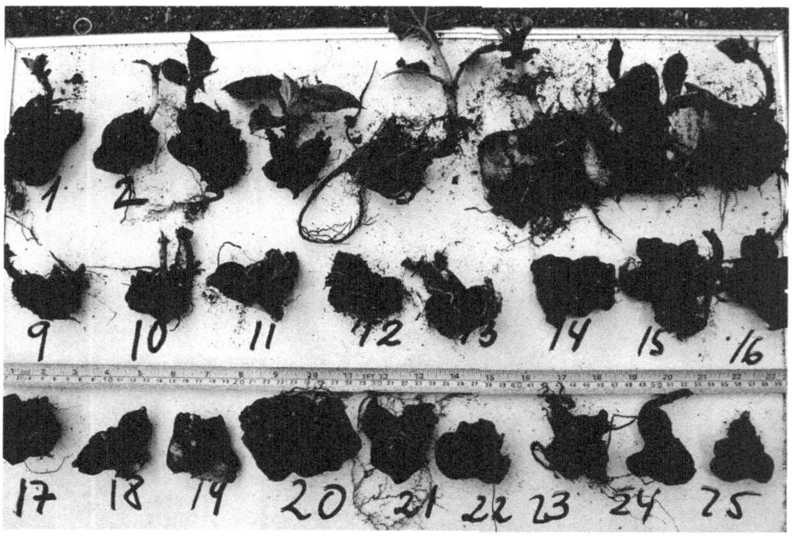

Fotografía 14. Conjunto de propágulos de biotipo rojo en diferentes estados de brotamiento. Nótese que el ritmo de brotamiento no es uniforme.

Fuente: los autores.

Al momento de extraer los propágulos de la canastilla de brotamiento, es ideal encontrar un 50 % de hojas. El resto de propágulos debe mostrar las yemas hinchadas, a punto de brotar.

Sistema de propagación por esquejes

Cuando existe una premura o necesidad de obtener de forma rápida material de propagación para ampliar el área de siembra (sin tener que esperar 10-12 meses para la cosecha de las raíces), se puede recurrir a un sistema de propagación vegetativa por esquejes. De acuerdo con la información bibliográfica y lo obtenido por las consultas a investigadores de Perú y Argentina (Villagómez, 2010; Moneta, 2009), es muy conveniente realizar este sistema de propagación, para aprovechar el material procedente de los tallos de plantas jóvenes (3-6 meses).

Según Seminario (2008), la técnica consiste en tomar los tallos antes de la floración (5-6 meses, en Cajamarca [Perú], según el morfotipo); se eliminan las hojas y se cortan en pedazos que tengan de 2 a 4 nudos. Por esta condición, los esquejes de la base son más pequeños (5-10 centímetros), pero con más nudos; conforme se avanza a lo largo del tallo, los esquejes son más grandes (hasta de 20 centímetros), pero con menos nudos. No se han encontrado diferencias significativas en el enraizamiento de esquejes basales, intermedios y terminales, por lo que se pueden usar indistintamente.

Por la experiencia en la Sabana de Bogotá, se recomienda cortar segmentos de ramas, de 30 a 40 centímetros de longitud; luego deshojarlas y, de inmediato, mantenerlas en un balde con agua, hasta su pronta siembra en la cama de brotamiento o almácigo. Cada esqueje así obtenido puede tener de 2 a 3 nudos, con sus correspondientes yemas. En las fotografías 15 y 16 se muestran los esquejes antes y después de la defoliación.

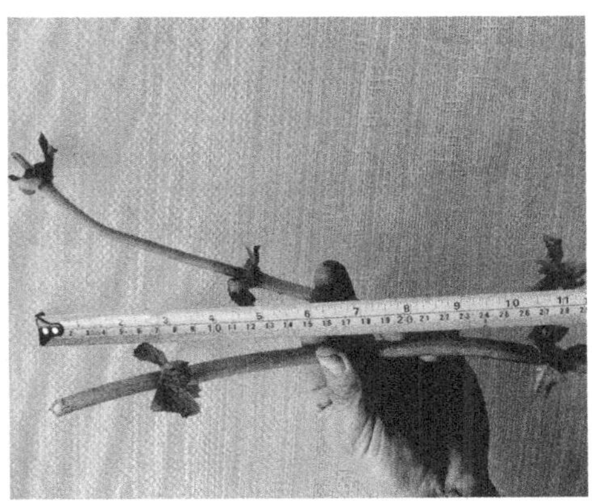

Fotografías 15 y 16. Izquierda: esquejes recién cortados. Derecha: esquejes después de separar las hojas y listos para su siembra.

Fuente: los autores.

Los esquejes son dispuestos en la cama de siembra, a línea corrida y cubiertos de inmediato con tierra compostada (fotografía 17), de un espesor de aproximadamente 4 centímetros (fotografía 18). Debe facilitarse un riego por aspersión, hasta humedecer completamente el sustrato de siembra.

Fotografía 17. Material semicompostado listo para ser incorporado a las camas de propagación.

Fuente: los autores.

Fotografías 18 y 19. Izquierda: colocación horizontal de los esquejes en la cama de siembra. Derecha: siembra de brotes terminales.

Fuente: los autores.

De igual manera, se pueden utilizar brotes terminales (que no hayan llegado a la etapa de floración). En este caso, se deben colocar en la cama de almácigo en forma vertical, con la mitad de su longitud bajo tierra, a una distancia de 20 centímetros entre surcos, y de 15 centímetros entre plantas (fotografía 19). Una tercera variación, si se requiere una siembra mayor, es la multiplicación a través del uso de nudos, con una yema de 4 a 5 centímetros de longitud (fotografía 20).

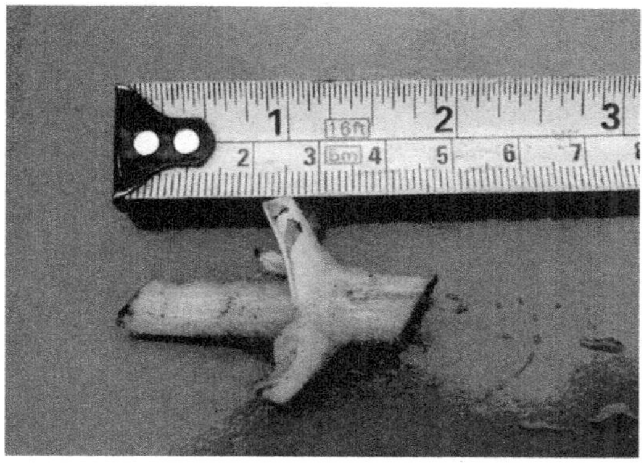

Fotografía 20. Trozo de un esqueje o nudo portando una yema.

Fuente: los autores.

El material proveniente de esquejes y yemas, después de sembrado en las camas, se mantiene con humedad constante a capacidad de campo, mediante riegos intermitentes, alternados día de por medio; asimismo, se hacen de forma cuidadosa los deshierbos manuales, para no estropear los brotes ya emergidos. Hacia los 30-40 días, ya se tienen listas las plántulas, para proceder a su trasplante a campo definitivo. Estas muestran de 2 a 6 hojas, de una altura promedio de 12 centímetros (fotografía 21).

En las experiencias con este sistema de propagación, el porcentaje promedio de brotamiento o *prendimiento* alcanzado fue de 95 %, aproximadamente, considerado óptimo, teniendo en cuenta que no se hizo ningún tratamiento químico al material en mención. Es importante señalar que los esquejes, una vez extraídos, se deben seccionar, quedando así plántulas independientes de 4 a 6 hojas (fotografías 22 y 23).

Fotografía 21. Plántulas de yacón listas para ser extraídas y proceder a su trasplante a campo definitivo.

Fuente: los autores.

Fotografías 22 y 23. Izquierda: esqueje que originó dos plantas, recién extraído del almácigo. Derecha: esqueje segmentado, mostrando su cabellera radicular y excelente masa foliar.

Fuente: los autores.

Los esquejes brotados son trasplantados inmediatamente a campo definitivo, previa preparación de la cama de siembra, tanto en el laboreo del suelo como en su adecuado contenido de humedad (fotografía 24).

Fotografía 24. Trasplante de esquejes ya enraizados y colocados en surco de siembra en campo definitivo.

Fuente: los autores.

El aporque en yacón: ventajas y desventajas

Según recomendación de varios autores, se debe realizar esta labor de acumulación de tierra alrededor de las plantas en la primera fase de crecimiento. Esto contribuye a sostener mejor la planta, cuando los tallos aumentan en longitud y grosor, evitando así su volcamiento; facilitar la aplicación de fertilizantes y su correspondiente cubrimiento, y favorecer la emisión de las raíces tuberosas.

Es así que investigadores como Espinoza (2002) recomiendan la labor de aporque, a manera de un segundo "cultivo", (práctica para destruir malezas e incorporar la segunda dosis de fertilizante nitrogenado), a los 4 o 5 meses después de la siembra. También Rivas (2004) sugiere el aporque a los 3 meses, como medida sanitaria, cuando hay presencia de lluvias intensas que producen encharcamiento a pie de planta. De paso, ayuda a eliminar malezas y a cubrir la segunda fertilización, a base de urea agrícola (45 % N).

Sin embargo, se ha observado que cuando esta labor se hace de la misma forma que en un cultivo de papa, aunada a una buena fertilización orgánica y riegos o lluvias frecuentes (inviernos intensos y prolongados), la producción en kilogramos y en número de propágulos se ve afectada por un detrimento de las raíces reservantes. En las experiencias del autor, se hace notar que la acumulación de tierra fue aproximadamente de 15 centímetros por encima del cuello de planta, a ambos lados de la hilera de plantas (fotografía 25).

Fotografía 25. Plantas de tres meses, recién aporcadas de la misma forma que la papa.

Fuente: los autores.

En plantas aporcadas de esa manera, se favorece la emisión de nuevos tallos y un sustancial aumento de la 'cabeza' de los propágulos, con una abundante producción de aquellos y una reducida cantidad y peso de raíces reservantes a la cosecha (fotografías 26 y 27).

Fotografías 26 y 27. Proceso de extracción manual de las raíces reservantes en plantas de yacón aporcadas.

Fuente: los autores.

En las plantas bajo este sistema, se encontró que la masa de los propágulos alcanzó un promedio de 13,0 kilogramos por planta; la masa foliar, un promedio de 1,81 kilogramos por planta, y una baja producción de raíces, de 2,13 kilogramos por planta, en promedio (fotografías 28 y 29).

En condiciones de buen aprovisionamiento de agua, casi en exceso por un intenso invierno y abundante fertilización orgánica, los propágulos tienden a brotar, aun cuando la planta madre no haya llegado a su senectud, tal como se aprecia en las referidas fotos.

Fotografías 28 y 29. Arriba: nótese la baja producción de raíces reservantes frente a la voluminosa cabeza de propágulos. Abajo: brotamiento precoz de propágulos, debido a buena fertilización y alta humedad del suelo por lluvias intensas.

Fuente: los autores.

Por el contrario, una deficiente o nula preparación de la cama de siembra puede ocasionar la emisión de raíces reservantes por encima de la superficie del suelo, exponiéndolas a daños de insectos e insolación (fotografía 30).

Fotografía 30. Plantas de yacón mostrando raíces por encima de la superficie del suelo, debido a una deficiente preparación de este.

Fuente: los autores.

Crecimiento y desarrollo

Video 1. El yacón: ¿cómo cultivarlo? Y sus generalidades. Mario Molina Jaimes, empresario de Tenjo.

Véase en https://www.youtube.com/watch?v=BBC54lMcqKQ

En esta sección se recopilan las experiencias relacionadas con la producción en campo del yacón, tanto a campo abierto como bajo condiciones de invernadero sencillo. Al hacer una sistematización de las diversas labores, con base en varias experiencias con pequeños productores en la región Centro Andina colombiana, se ha estructurado el diagrama de flujo de la figura 1.

Figura 1. Proceso productivo del cultivo de yacón.

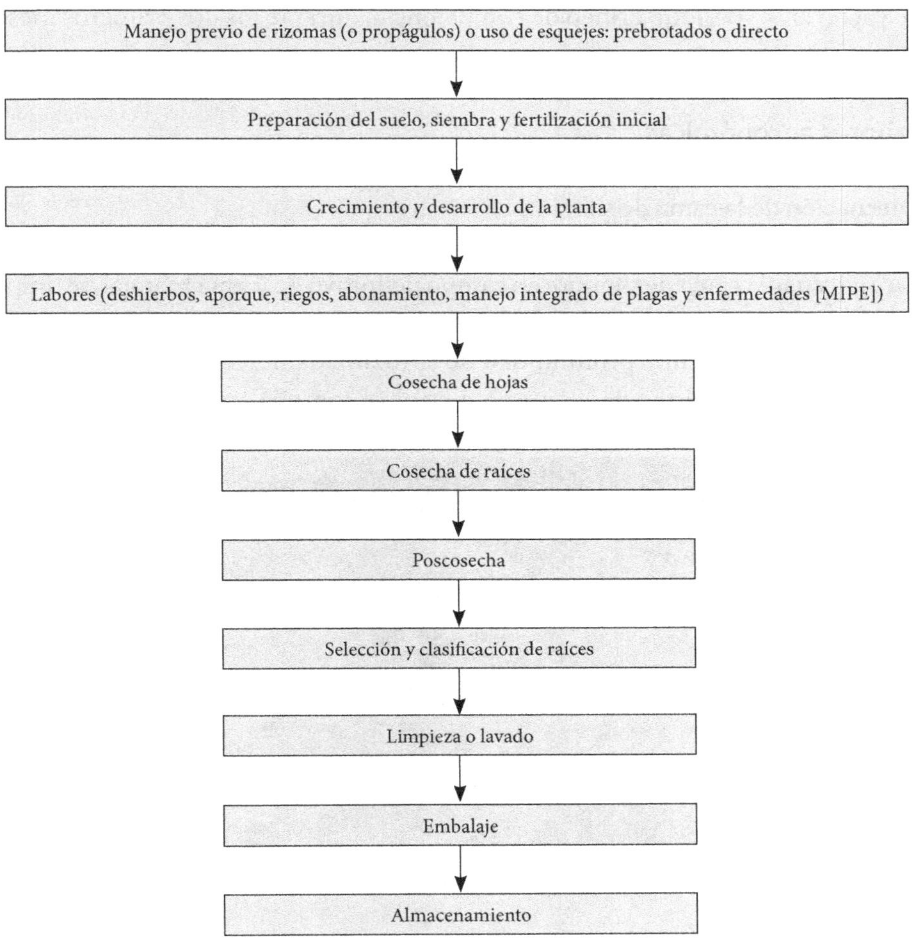

Fuente: elaboración propia con base en Moya (2014).

El yacón puede encajar fácilmente en cualquier sistema rotacional de cultivos transitorios, después de la papa, el maíz y diversas hortalizas. Cuando se trata de rotar después de pasturas, se requiere una exhaustiva labor de eliminación de rizomas (principalmente cuando se trata de pasto kikuyo), para evitar la competencia posterior con las plántulas de yacón. Inclusive, es factible, antes de roturar la pradera para eliminar el pasto, hacer una aplicación de glifosato al 2 % de producto comercial, cuando la pradera está en pleno crecimiento. La presencia de malezas o pasturas perennes compite fuertemente con las plántulas de yacón en su periodo crítico de competencia, durante los dos primeros meses después de la siembra, por lo que es importante mantener limpios los campos.

Labores agronómicas

Adecuación de la cama de siembra

Para adecuar la cama de siembra en campo definitivo de forma manual, se limpia el terreno, se remueve la tierra con azadón o con motocultor o con tractor—para ablandar el suelo, a una profundidad de aproximadamente 25 centímetros— y se forman surcos, distanciados a 1,20 metros (fotografía 31).

Fotografía 31. Preparación del terreno y adecuación de surcos para la siembra, de forma manual.

Fuente: los autores.

Para la fertilización de las camas de siembra se precisa la preparación de un material semicompostado, a base de residuos orgánicos vegetales, estiércol vacuno y agua, materiales que son de fácil obtención, principalmente en fincas ganaderas. Este preparado se acondiciona al fondo de los surcos, para que se mezcle con el suelo, y así proceder a la siembra de los propágulos (fotografía 32).

Rivas (2004) refiere que para la fertilización orgánica del yacón, se debe tener en cuenta los requerimientos del cultivo, el análisis del suelo y un aporte medio de nitrógeno, fósforo, potasio y los fertilizantes orgánicos que se empleen. En tal sentido, utiliza 3 toneladas por hectárea de humus de lombriz, 1,5 toneladas por hectárea de guano de islas y 1 tonelada por hectárea de roca fosfórica.

Fotografía 32. Cama de siembra en la que se mezcló suelo con material orgánico semicompostado antes de la siembra.

Fuente: los autores.

Siembra de propágulos

Para realizar esta labor, se utiliza herramienta de mano (azadón) y se hace un pequeño hoyo para depositar cada propágulo y cubrirlo con una capa de tierra de aproximadamente 4 a 5 centímetros (fotografías 33 y 34). Los distanciamientos recomendados entre surcos, bajo suelos fértiles y de fácil disponibilidad de agua, son de 1,20 metros entre surcos, y de 0,40 a 0,60 metros entre plantas. El resultado es una densidad de siembra aproximada (considerando las fallas) de 13.000 a 20.000 plantas por hectárea.

De inmediato, se procede a realizar un riego por aspersión, humedeciendo en la mejor forma la cama de siembra, hasta llegar a la capacidad de campo. Después de la siembra, si el cultivo no es conducido bajo producción orgánica, se recomienda aplicar un herbicida preemergente, como Linurón, a razón de 1 kilogramo de producto comercial por hectárea, el cual permitirá mantener limpio el cultivo durante su periodo crítico de competencia, es decir, en los primeros 40 días después del trasplante.

Fotografías 33 y 34. Labor de trasplante manual en surcos, a campo abierto.

Fuente: los autores.

El brotamiento de plántulas

El brotamiento de las plántulas es bastante lento cuando se utilizan propágulos no brotados: llegan a emerger en 30 y 40 días. Al utilizar plántulas procedentes de propágulos prebrotados, como las que se muestran líneas atrás, se consigue un rápido arraigamiento. Es así que a los 21 días después de la siembra de los propágulos, la altura de las plantas puede variar entre 10 y 20 centímetros, con 4 a 6 hojas formadas (fotografías 35 y 36).

La primera fase de crecimiento puede ser bastante lenta, cuando por un excesivo aporte de materia orgánica a la siembra se produce un efecto retardante del brotamiento, debido a la acidificación del suelo adyacente a los propágulos. También puede influir el tamaño de aquellos, lo cual sucede cuando por aumentar las áreas de siembra se utilizan propágulos de solo una yema.

Fotografías 35 y 36. Propágulos del biotipo blanco recién emergidos.

Fuente: los autores.

Hacia los 70 días después de la siembra, las plantas tienen entre 6 y 8 hojas. Sorprende la vigorosidad de las plantas frente a una fuerte precipitación, o en su defecto, a una falta temporal de agua de riego o lluvia (fotografía 37).

Fotografía 37. Planta de biotipo blanco a los setenta días después del trasplante.

Fuente: los autores.

Conducción a campo abierto

Mediante el uso de azadón, se remueve el suelo adyacente a las líneas de las plantas, con el objeto de eliminar malezas y facilitar la absorción de agua y la aireación, lo que incide en un buen desarrollo radicular (fotografía 38).

Fotografía 38. Parcela después de una labor de escarda manual.

Fuente: los autores.

En cultivos de regular extensión, Espinoza (2002) menciona la realización de dos cultivos mecánicos (tractor) a los 60 y 120 días de la siembra, para eliminar malezas e incorporar la segunda dosis de fertilizante. Normalmente no se efectúan deshojes ni despuntes, ni se requiere tutorado, a pesar de que por el peso de las ramas hacia la fase final del ciclo vegetativo, se puede notar una inclinación de 45°, sobre todo en plantas vigorosas que han recibido buen abastecimiento de agua y fertilizante (fotografías 39 a 42).

Durante la etapa de senescencia, las plantas muestran una defoliación del tercio inferior. Si en el suelo hay un buen contenido de nutrientes, acompañado de humedad persistente por el aporte de las lluvias, por ejemplo, las hojas de los tercios medio y superior permanecen activas. Esta etapa ocurre desde los diez meses, después del trasplante en clima frío; por tal razón, al mes siguiente ya se puede hacer la extracción (cosecha) de raíces (fotografía 43).

Fotografías 39 y 40. Aspectos de las plantas de biotipo blanco en diversas etapas de crecimiento, conducidas a campo abierto.

Fuente: los autores.

Fotografía 41. Planta de biotipo blanco, que tiene mayor vigorosidad y estatura que la de biotipo rojo.

Fuente: los autores.

Fotografía 42. Plantas de biotipo rojo a campo abierto en pleno crecimiento, con menor vigorosidad que las de biotipo blanco.

Fuente: los autores.

Fotografía 43. Plantas de biotipo blanco al momento de cosecha.

Fuente: los autores.

La conducción y crecimiento de las plantas de biotipo rojo en condiciones de campo abierto fueron muy similares a las relatadas con el biotipo blanco. Solamente se notan diferencias visuales con base en los fenotipos típicos de cada biotipo (fotografías 44-46).

Fotografía 44. Plantas de biotipo rojo a punto de alcanzar el cubrimiento total del terreno con su gran masa foliar.

Fuente: los autores.

Fotografías 45 y 46. Dos momentos de la floración del biotipo rojo.

Fuente: los autores.

En plantas en maduración se apreció decoloración de hojas (amarillamiento), necrosis y caída de hojas bajas (fotografía 47). Los tallos se arquean hacia los lados, y debido a la alta humedad del suelo por las continuas lluvias en esta fase, se presentan rebrotamientos. Es de suponer que los nuevos brotes formados demandan energía proveniente de lo almacenado en las raíces reservantes.

Fotografía 47. Plantas de biotipo rojo en la fase de maduración.

Fuente: los autores.

Conducción bajo invernadero sencillo

Conducir un pequeño cultivo de yacón bajo condiciones de invernadero permite manejar adecuadamente el recurso hídrico y evitar los excesos de aguas lluvias, que en los últimos tiempos han ocasionado problemas a cultivos y pasturas de la región. Asimismo, se facilita un ambiente más abrigado, con temperaturas muy parecidas a las que se dan en clima templado.

El invernadero que se utilizó para la conducción del yacón fue bastante sencillo, de armazón de madera y cobertura plástica (fotografía 48). Las características del suelo fueron las mismas que en el campo abierto. El sistema de riego fue por aspersión, con agua de acueducto.

Fotografía 48. Ambiente de invernadero listo para la siembra de yacón.

Fuente: los autores.

Ubicación de siembras en invernadero

Los propágulos brotados (30 días) se sembraron en camas, a un distanciamiento de 1,20 metros entre surcos o líneas, y a 0,50 metros entre plantas. Las camas se enriquecieron con materia orgánica semicompostada, y de inmediato se procedió al riego con manguera de jardinería (fotografía 49).

A los 30 días después de la siembra, las plantas tienen un promedio de 8 hojas formadas (fotografía 50).

Se realizaron algunas labores de remoción de malezas, y escardado manual con azadón, para facilitar la aireación del suelo y retención de agua (fotografía 51).

Fotografía 49. Aspecto de camas recién regadas e inicio de brotamiento de propágulos.

Fuente: los autores.

Fotografía 50. Planta de biotipo blanco en invernadero a los 30 días después de la siembra.

Fuente: los autores.

Fotografía 51. Cultivo en invernadero después de un deshierbo y riego de aspersión.

Fuente: los autores.

Etapa de crecimiento

En general, el crecimiento de las plantas del biotipo blanco fue lento al inicio y bastante rápido a partir de la aparición de la octava hoja, con un aspecto vigoroso, que se refleja en el tamaño de las hojas (fotografías 52 y 53).

Fotografías 52 y 53. Dos etapas en el crecimiento de plantas de biotipo blanco en invernadero.

Fuente: los autores.

Al finalizar el ciclo vegetativo (pasados los diez meses), se presenta defoliación del tercio inferior; los tallos tienden a tumbarse o inclinarse, y aparecen brotes de los mismos tallos o de la cabeza de los propágulos (fotografía 54).

Fotografía 54. Defoliación del tercio inferior en biotipo blanco y emisión de nuevos brotes en la fase final del cultivo.

Fuente: los autores.

Etapa de cosecha en invernadero

Al momento de la cosecha, las plantas del biotipo blanco en invernadero mostraron el tercio inferior completamente defoliado, la emisión de algún nuevo tallo desde el nivel del suelo (fotografías 55 y 56), hojas del tercio medio y superior todavía activas, floración activa y un muy reducido ataque de arañita roja.

Para el procedimiento de cosecha, se cortan los tallos a una altura de 20 centímetros por encima de la corona de raíces. Luego se excava cuidadosamente alrededor de la planta, por medio de un palín, a una profundidad de 40 centímetros; posteriormente, se tira de los tallos para extraer la corona de propágulos con las raíces tuberosas, y finalmente estas se separan, tratando de no resquebrajarlas, debido a la susceptibilidad al daño físico.

Fotografías 55 y 56. Izquierda: planta de biotipo blanco próximo a cosecha. Derecha: masa radicular recién extraída.

Fuente: los autores.

Al realizar la cosecha de raíces reservantes del biotipo blanco, se pudo apreciar una pequeña masa de propágulos y raíces reservantes, de regular a gran tamaño. De acuerdo con el protocolo de evaluación de cosecha, se procedió al pesaje, en forma separada, de masa foliar, masa de propágulos y total de raíces cosechadas. Adicionalmente, se realizó un conteo de los propágulos obtenidos por planta, así como del número de raíces reservantes, y algunas observaciones sobre el estado sanitario de estas. En general, se puede resumir que las plantas del biotipo blanco en invernadero tuvieron un vigoroso crecimiento y abundante producción en kilogramos por planta y en número de raíces (fotografías 57 a 59).

Fotografía 57. Planta en pleno desarrollo.

Fuente: los autores.

Fotografías 58 y 59. Masa radicular y número de raíces de aquella.

Fuente: los autores.

Para el caso del biotipo rojo, la conducción bajo condiciones de invernadero es la misma que el anterior, desde la preparación de las camas de siembra hasta la cosecha. En las fotografías 60 y 61 puede apreciarse el rápido crecimiento y vigorosidad de las plantas.

Fotografía 60. Aspecto de una cama de siembra en invernadero.

Fuente: los autores.

Fotografía 61. Desarrollo del biotipo rojo en invernadero.

Fuente: los autores.

A la finalización del ciclo vegetativo, fue manifiesto un fuerte ataque de poblaciones de arañita roja (*Tetranichus cinnabarinus*), debido principalmente a las condiciones de resequedad del ambiente, pues los riegos se fueron distanciando para favorecer la madurez de las plantas. En esa etapa, las plantas muestran defoliación del tercio inferior y comienzan a aparecer brotes nuevos en los nudos inferiores (fotografías 62 y 63). Asimismo, algunos propágulos empiezan a brotar desde el cuello de la raíz, estimulados por la humedad del suelo.

Fotografía 62. Defoliación de tercio inferior y emisión de nuevos tallos.

Fuente: los autores.

Fotografía 63. Plantas de biotipo rojo en invernadero, hacia el final del ciclo vegetativo.

Fuente: los autores.

Las plantas del biotipo rojo muestran, a la finalización de su ciclo, una gran defoliación de los dos tercios inferiores; asimismo, se nota inclinación de los tallos (fotografías 64 y 65).

Fotografías 64 y 65. Izquierda: planta de biotipo rojo antes de la cosecha. Derecha: masa de propágulos y raíces reservantes.

Fuente: los autores.

Consideraciones edafoclimáticas

De las experiencias realizadas, se puede resumir que gran parte del ciclo de cultivo bajo condiciones de campo abierto tuvo que soportar una alta incidencia de lluvias, sobre todo en la segunda mitad del ciclo vegetativo. Asimismo, las bajas temperaturas, aunque no llegaron al punto de congelación, no afectaron a las plantas de ambos biotipos.

Bajo ambiente de invernadero, hubo un registro permanente de temperaturas máximas y mínimas. Los promedios obtenidos durante el cultivo fueron de 35,0 °C, para las temperaturas máximas, y de 10,7 °C, para las temperaturas mínimas. Esto permitió manejar el cultivo bajo condiciones de abrigo, en comparación con las plantas a campo abierto.

Como es usual en este tipo de ambiente, las variaciones de temperatura no fueron drásticas como en el exterior. Asimismo, fue fácil el control de agua, y las plantas no sufrieron las fuertes temporadas invernales del medio exterior. Los resultados de análisis de suelo indican un pH de 6,9; conductividad eléctrica alta de 1,04 dS/m; alto contenido de nitrógeno mineral, fósforo y potasio; alto contenido de calcio, óptimo de magnesio y de sodio, y contenido deficiente de azufre; capacidad de intercambio catiónico [CIC] de 23,5; relación Ca/Mg muy alta; relación Ca/K óptima y relación Mg/K deficiente.

La presencia de alto contenido de sales solubles (CE), reflejada en los altos contenidos de nitrógeno, fósforo y potasio, principalmente, se debe a que en anteriores oportunidades se conducía en esta área un cultivo de hidropónicos para práctica de estudiantes, lo que se supone haya habido derrame de sales. Asimismo, el suelo, por su historial, recibió alto contenido de cal.

Con base en este análisis, la recomendación del laboratorio fue aplicar materia orgánica, en una proporción de 300 gramos por metro cuadrado (lo cual se cumplió utilizando materia orgánica semicompostada al momento de la siembra), y adicionar sulfato de magnesio, pero este tratamiento no se hizo.

Aspectos fitosanitarios

Ames (1997) refiere que debido a que el cultivo no es muy conocido y, por lo tanto, poco difundido, son todavía pocas las enfermedades que presenta. Señala como importantes la alternariosis (*Alternaria sp*) y el moho blanco (*Sclerotinia sclerotiorum*). Las experiencias en la Sabana de Bogotá han implicado el no uso de plaguicidas, tanto orgánicos como químicos, con la finalidad de detectar las especies de insectos y patógenos que pudieran afectar a las plantas de cultivo. Se detectaron insectos masticadores, de los órdenes Orthoptera y Lepidóptera, principalmente (fotografía 66). Los daños por comedura de hojas nunca superaron el 5 %, pero fue más manifiesta la presencia de comedores de hojas en el ambiente de invernadero, porque las temperaturas más elevadas favorecen a estos insectos.

Fotografía 66. Se notó la presencia de algunos individuos aislados del orden Orthoptera.

Fuente: los autores.

Es de resaltar que las plantas de yacón de biotipo rojo fueron más sensibles que las de biotipo blanco al ataque de lepidópteros en hojas. Las hojas del biotipo blanco se notan más coriáceas y tienen mayor pubescencia, lo cual no constituye un hábitat ideal para alojar larvas de estas especies (fotografías 67 y 68).

Fotografías 67 y 68. Daños por larvas de lepidópteros en hojas y brotes terminales.

Fuente: los autores.

En menor incidencia, se encontró adultos de *Empoasca spp*, cuyo incremento de población se manifestó hacia la tercera fase del cultivo (después de floración), siendo mayores las poblaciones en condiciones de invernadero (fotografía 69).

Fotografía 69. Presencia de algunos cicadélidos *(Empoasca spp)* en las hojas de yacón.

Fuente: los autores.

En todo el ciclo vegetativo de los cultivos hubo presencia de moluscos (caracol común). El ataque fue más intenso al final del ciclo, que afectó hojas principalmente del tercio inferior de las plantas (fotografías 70 y 71).

Fotografías 70 y 71. Izquierda: adulto de caracol en hojas. Derecha: ataque intenso de caracol al final de ciclo vegetativo.

Fuente: los autores.

Daños y alteraciones

Cuando la cosecha se realiza por encima de los 10 meses, se presentan raíces con daños producidos por insectos de tierra, principalmente larvas de coleópteros denominadas "chizas" (fotografías 72 y 73).

Fotografías 72 y 73. Izquierda: raíces del biotipo rojo conducido al exterior mostrando algunos daños causados por insectos de tierra. Derecha: "chiza" encontrada en las raíces.

Fuente: los autores.

En el transcurso de la primera fase de crecimiento, la caída ocasional de granizo, y sobre todo las lluvias intensas y prolongadas, causaron daños a las hojas. En todo caso, después de unos pocos días, las plantas se recuperaron normalmente (fotografía 74).

Fotografía 74. Daños en plantas biotipo blanco maltratadas por efecto de lluvia intensa.

Fuente: los autores.

También al momento de la cosecha fue de relativa frecuencia la aparición de rajaduras superficiales en algunas raíces jóvenes (fotografía 75). Esta situación se apreciará de mejor forma en el capítulo 3 "Manejo de la poscosecha".

Fotografía 75. Raíces de yacón con grietas en su superficie.

Fuente: los autores.

Comportamiento de plantas provenientes de esquejes

El crecimiento y desarrollo de las plantas provenientes de esquejes es muy similar al registrado en las plantas provenientes de propágulos. Con un estrés inicial del cultivo en los tres primeros días después del trasplante (fotografía 76), el arraigo es muy rápido, teniendo cuidado de que no se produzca falta de riego en caso de ausencia de lluvias.

Fotografía 76. Plantas provenientes de esquejes recién trasplantados. Nótese el estrés manifiesto en marchitamiento temporal.

Fuente: los autores.

Posteriormente, aparecen hasta tres pares de nuevas hojas, antes de los dos meses después del trasplante (fotografía 77 y 78). Después de este periodo, el crecimiento es bastante rápido: alcanza a cubrir el 90 % del área hacia los 130 días después del trasplante (fotografías 79 y 80).

Fotografías 77 y 78. Plantas provenientes de esquejes a los 55 días después del trasplante.

Fuente: los autores.

Fotografías 79 y 80. Las mismas plantas a los 90 y 130 días después del trasplante.

Fuente: los autores.

Producción en invernadero y campo abierto

Siguiendo recomendaciones de diversos autores, el procedimiento de cosecha se realizó a los 10 meses en invernadero y a los 12 meses en campo abierto; para el efecto, un indicativo visual fue la caída de hojas, principalmente del tercio medio-inferior, además de amarillamiento y necrosis de estas, así como tendencia al "tumbado" de las plantas. Al respecto, se tomó en cuenta lo afirmado por Rivas (2004), quien refiere que el indicador para el tiempo de cosecha es la finalización de la floración y el amarillamiento de las hojas; sin embargo aquel depende de la zona y la variedad utilizada.

Para la evaluación de la cosecha en invernadero, considerando los dos biotipos en estudio, se tomaron los siguientes parámetros para cada planta: 1) peso de las raíces reservantes; 2) peso de la masa foliar; 3) peso de los propágulos; 4) número de raíces, y 5) número de propágulos. Para el efecto, el procedimiento manual de la cosecha (extracción total de la planta, con toda la corona radicular) y la evaluación de la cosecha se realizó de acuerdo con los siguientes pasos:

1. Extracción manual (herramienta de mano) de plantas muestreadas.
2. Separación con machete de la masa foliar, mediante un corte, a una distancia aproximada de 15 centímetros del cuello de raíz.
3. Los tallos cortados fueron seccionados en trozos pequeños para facilitar su pesaje en la balanza.

4. Separación de la corona radicular de todas las raíces reservantes y su limpieza, para evitar llevar terrones o partículas de suelo al pesaje.
5. Limpieza de la masa de propágulos.
6. Pesaje de la masa foliar.
7. Pesaje de la masa de propágulos en balanza electrónica.
8. Pesaje y contaje de raíces por planta (fotografía 81).
9. Disección de masa de propágulos para su contaje respectivo.

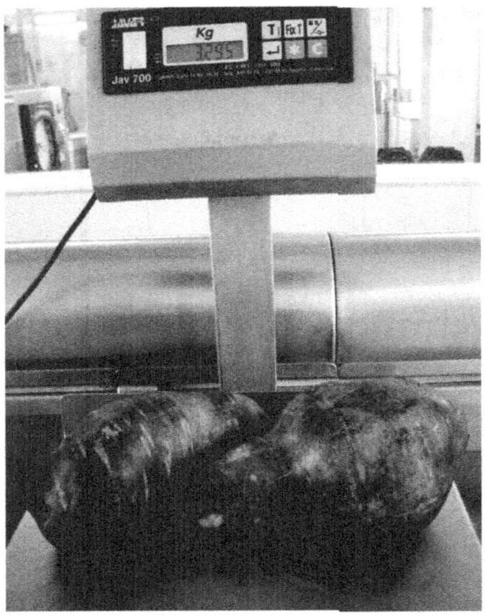

Fotografía 81. Pesaje de raíces. Nótese el peso, que supera 1,6 kilogramos.

Fuente: los autores.

Cosecha de biotipo blanco en invernadero

En la figura 2 se muestran los resultados de la cosecha del biotipo blanco, para cada uno de los parámetros considerados. En lo referente a la masa foliar, se obtuvo un promedio de 2,695 kilogramos por planta, en rangos que van desde los 2,0 kilogramos a los 4,5 kilogramos por planta. Es de indicar que a la cosecha, las plantas mostraban cierta actividad, sobre todo en el tercio superior, con hojas íntegras y de regular tamaño. Esto, debido a la persistencia de humedad en el suelo, favorecida por los últimos riegos y la retención que produce la aplicación de materia orgánica al cultivo.

Figura 2. Resultados de pesos de raíces, foliar y de propágulos de biotipo blanco en invernadero.

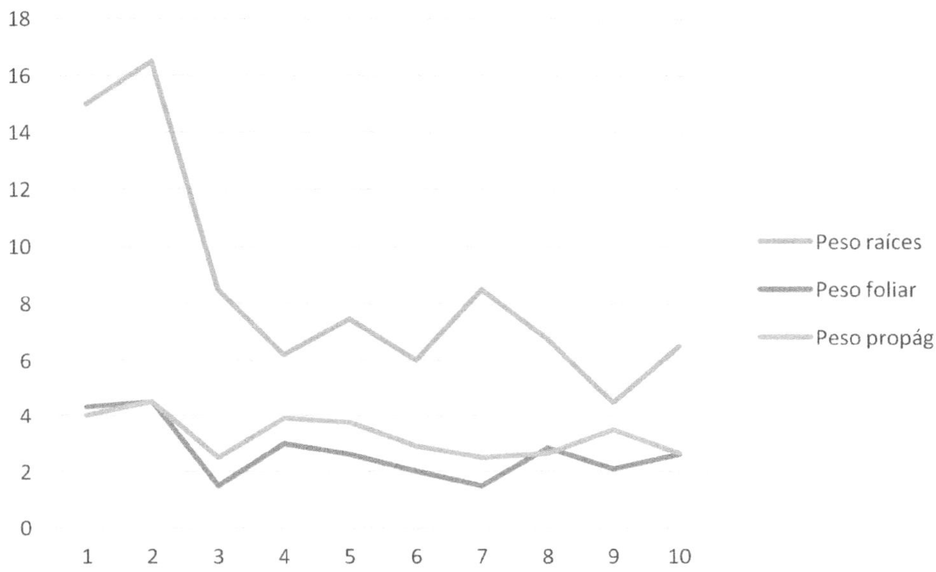

Fuente: los autores.

A excepción de las dos primeras plantas, que mostraron una producción que duplicó el promedio de la muestra, las ocho restantes tienen un comportamiento similar. Es así que para la producción de raíces por planta, expresada en kilogramos, los resultados indican un promedio de 8,59 kilogramos, con un peso máximo de 16,5 kilogramos y un peso mínimo de 4,5 kilogramos. Las masas de propágulos para este biotipo produjeron un promedio de 3,285 kilogramos por planta extraída, por lo cual superaron el peso foliar promedio en 0,591 kilogramos.

En cuanto al número de raíces reservantes por planta (se desecharon las raíces muy pequeñas), se alcanzó un promedio de 13,6, con un mínimo de raíces de 10 y un máximo de 22. Finalmente, al hacer la disección de la masa de propágulos, se obtuvo un promedio por planta de 33,2, en extremos que variaron desde los 27 hasta los 45.

FIGURA 3. Resultados de número de raíces y de propágulos de biotipo blanco en invernadero.

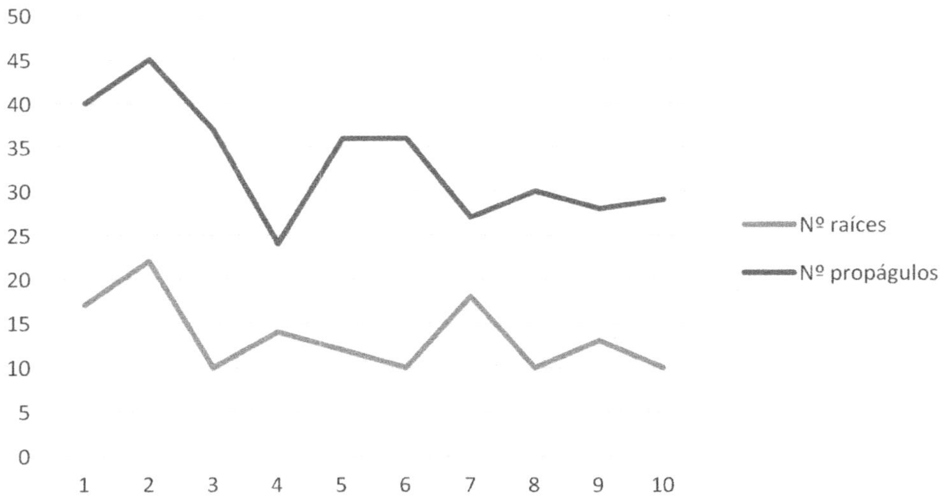

Fuente: los autores.

Resulta interesante en este biotipo la amplia diferencia entre el peso y tamaño de la biomasa de raíces y la biomasa de propágulos (figura 3). Esto indica una gran eficiencia de algunas plantas de biotipo blanco para producir un gran número de raíces reservantes, en desmedro de la producción de propágulos. Haciendo una comparación de las 10 plantas muestreadas de biotipo blanco en invernadero, se puede apreciar que en lo referente a peso de masa foliar y peso de masa de propágulos, el comportamiento es bastante uniforme para estas variables.

Cosecha de biotipo rojo en invernadero

Habiendo hecho el procedimiento de cosecha de las plantas de este biotipo, y siguiendo los mismos pasos que para el biotipo blanco, los resultados indican un promedio de 4,9 kilogramos de raíces por planta, en rangos que abarcan desde los 2,45 kilogramos hasta los 6,7 kilogramos por planta; un peso promedio de biomasa foliar de 2,39 kilogramos, con extremos entre 1,30 kilogramos y 3,5 kilogramos por planta, y un peso promedio de masa de propágulos de 4,34 kilogramos (figura 4).

Figura 4. Distribución de pesos de raíces, foliar y de propágulos para el biotipo rojo en invernadero.

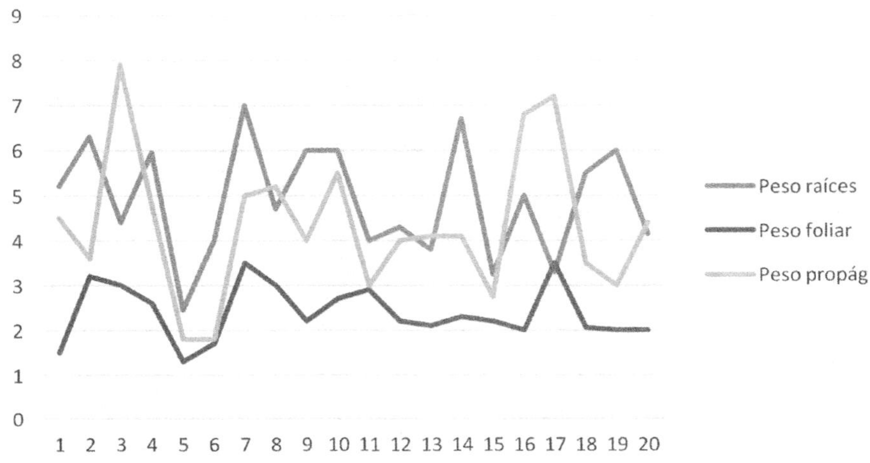

Fuente: los autores.

Asimismo, se obtuvo 13,8 raíces en promedio por planta, lo cual incluye un mínimo de 9 y un máximo de 15 raíces por planta. En cuanto al número de propágulos, resultaron 35,4 por cada planta muestreada (con un mínimo y un máximo de 15 y 73 propágulos por planta, respectivamente) (figura 5).

Figura 5. Distribución del número de raíces y de propágulos en biotipo rojo en invernadero.

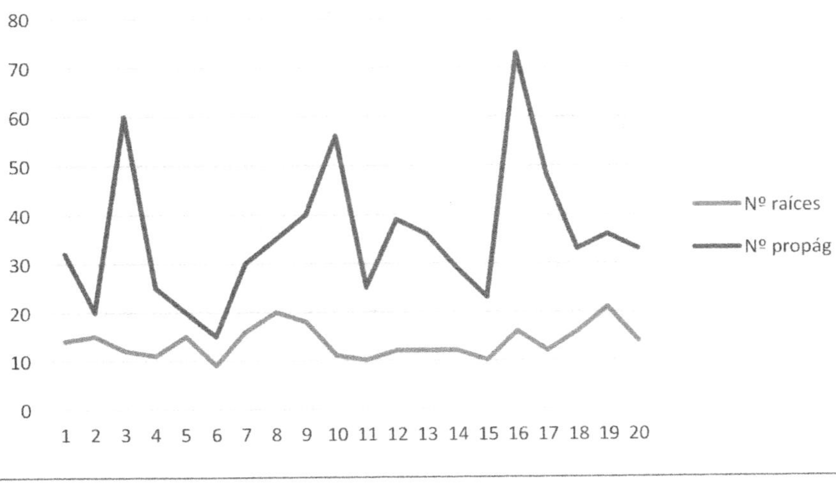

Fuente: los autores.

En general, de los datos obtenidos se puede inferir que existe una alta dispersión para cada una de las variables en estudio, lo cual puede ser un indicador de la expresión fenotípica heterogénea de los clones trabajados.

Fotografías 82 y 83. Disposición de la cosecha de biomasa radicular de plantas de yacón de biotipo rojo bajo condiciones de invernadero.

Fuente: los autores.

Al hacer una comparación de los resultados de cosecha de ambos biotipos en condiciones de invernadero, se puede encontrar una diferencia a favor del biotipo blanco en la variable *pesos de raíces por planta*, que fue casi el doble del rendimiento obtenido por las plantas del biotipo rojo (8,59 kilogramos vs. 4,9 kilogramos, respectivamente).

Esto podría explicarse por la gran vigorosidad de las plantas del biotipo blanco (tamaño de planta, número de tallos y hojas), que le permiten mayor eficiencia fotosintética por el área foliar, y por mostrar una extensión de su ciclo vegetativo bajo condiciones de invernadero.

En lo referente a la biomasa foliar, la diferencia no fue marcada: estuvo a favor del biotipo blanco (0,305 kilogramos más por planta que el biotipo rojo). En cuanto al número de raíces reservantes por planta, los resultados expresan que prácticamente no existen diferencias (13,6 vs. 13,8 raíces, respectivamente). En esta oportunidad la pequeña diferencia está a favor del biotipo rojo.

Cosecha de biotipo blanco en campo abierto

Los resultados de campo para las 20 plantas muestreadas de este biotipo indican un comportamiento bastante heterogéneo, que está graficado en la figura 6.

Figura 6. Resultados de la cosecha del biotipo blanco en campo abierto para: peso raíces, pesos foliar y peso propágulos, respectivamente.

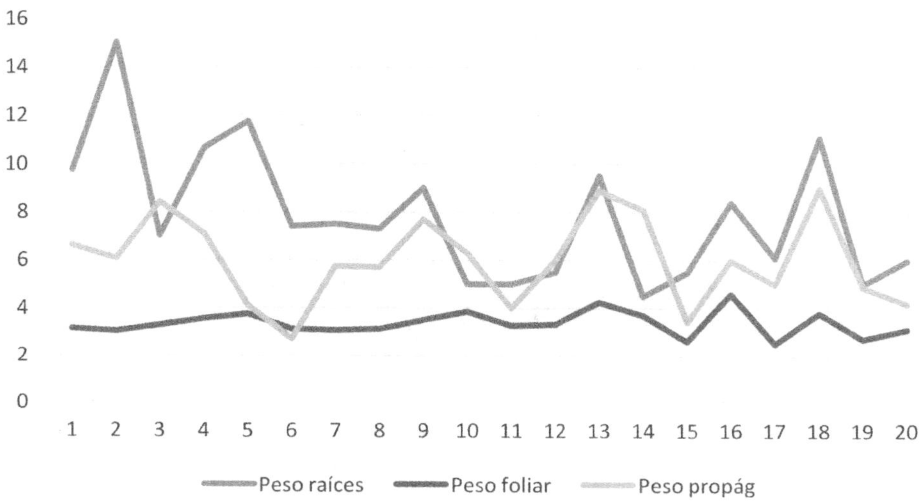

Fuente: los autores.

De igual manera, los resultados para la cosecha del biotipo blanco en cuanto a número de raíces y número de propágulos que se obtiene por planta están graficados en la figura 7.

Figura 7. Resultados de la cosecha de biotipo blanco en campo abierto para: número de raíces y de propágulos.

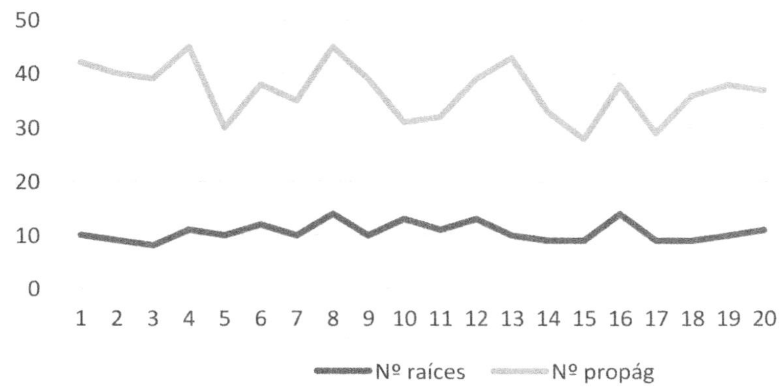

Fuente: los autores.

Las fotografías 84 y 85 muestran una gran producción de raíces reservantes, con una masa de propágulos bastante reducida, pero ello no indica que se reduzca el número de propágulos obtenido por cada cabeza radicular.

Fotografías 84 y 85. Masa radicular y propágulos del biotipo blanco conducido a campo abierto.

Fuente: los autores.

Cosecha del biotipo rojo en campo abierto

Los resultados obtenidos para la cosecha del biotipo rojo en condiciones de campo al exterior indican también la gran variabilidad de lo que puede ser la manifestación genética de este material (Figura 8). El peso de biomasa foliar se mantiene alrededor de los 4 kilogramos, mientras que el peso de propágulos fluctúa entre 4 y 8 kilogramos por planta. Con respecto al peso de raíces, este es bastante variable entre las 20 plantas muestreadas: resaltan una sola planta, que sobrepasó los 16 kilogramos, y una que solo alcanzó los 6 kilogramos.

Figura 8. Resultados de la cosecha del biotipo rojo en campo abierto para: peso raíces, peso foliar y peso propágulos, respectivamente.

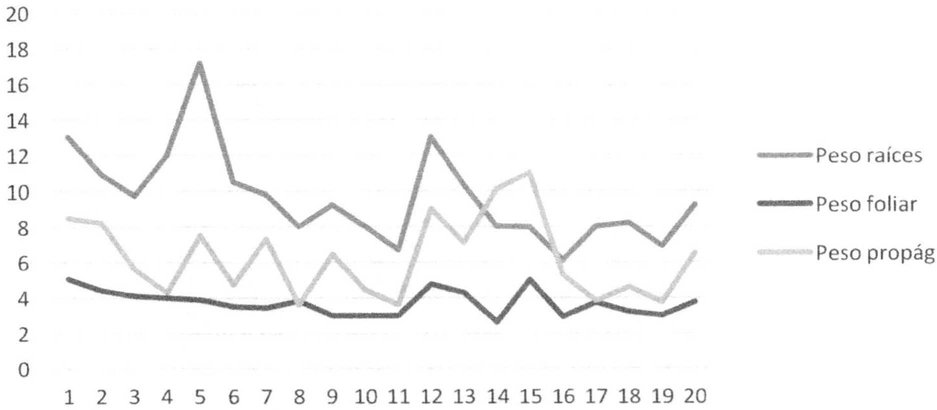

Fuente: los autores.

En cuanto a los resultados del número de raíces y número de propágulos, también muestran gran variabilidad para las 20 plantas muestreadas (figura 9).

Figura 9. Resultados de la cosecha de biotipo rojo en campo abierto para: número de raíces y de propágulos.

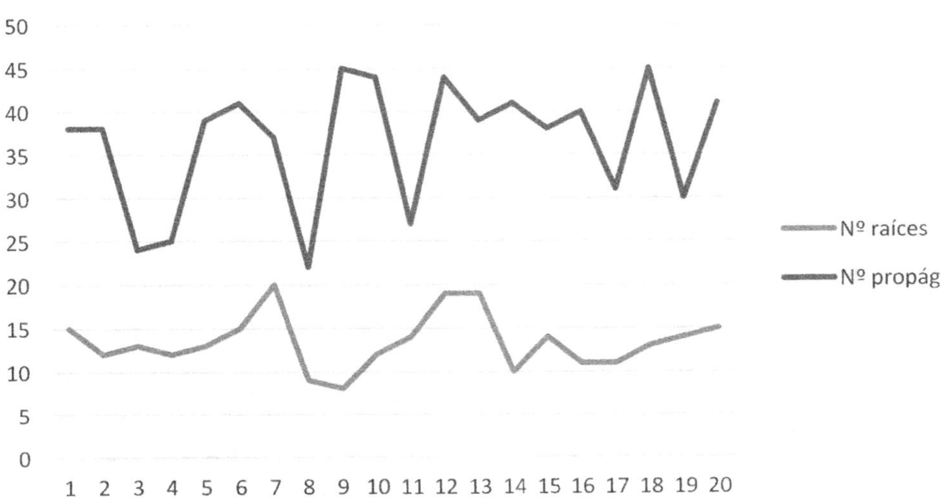

Fuente: los autores.

En la fotografía 86 se puede apreciar el buen tamaño y uniformidad de las raíces reservantes, correspondientes al biotipo rojo en condiciones de campo abierto.

Fotografía 86. Masa radicular y propágulos del biotipo rojo conducido a campo abierto.

Fuente: los autores.

Variabilidad morfológica

Al hacer una observación meticulosa de las raíces obtenidas en la cosecha, se pudo determinar la gran variabilidad en número de raíces, coloración externa, forma, largo y grosor (fotografías 87 y 88).

Fotografías 87 y 88. Diversos tamaños y coloraciones de piel en raíces.

Fuente: los autores.

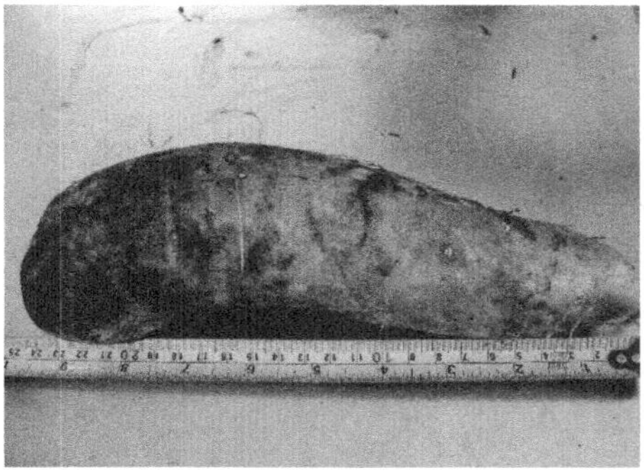

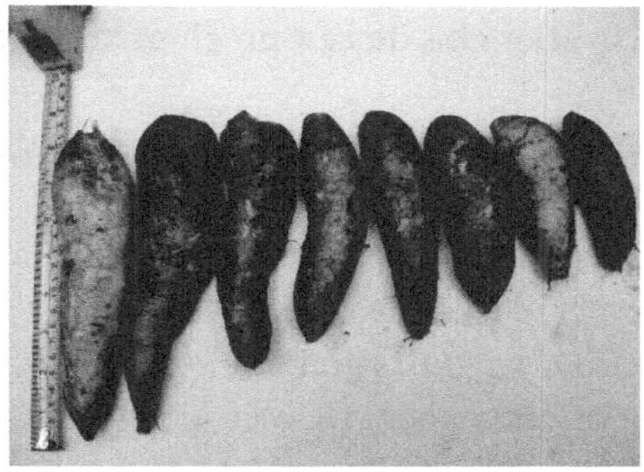

Fotografías 89 y 90. Numerosas raíces superan fácilmente los veinticinco centímetros de longitud.

Fuente: los autores.

Experiencia con soca o rebrotes

Por recomendación de investigadores de la Universidad Nacional Agraria La Molina, Perú, del material sembrado originalmente se dejaron sin extraer a la finalización de su ciclo vegetativo 15 plantas del biotipo blanco y 15 del biotipo rojo. Esto, con el propósito de hacer un seguimiento a la producción de biomasa foliar y radicular en una segunda etapa, es decir, lo que se conoce como "soca". En la fotografía 91, se puede apreciar la abundante masa foliar producida en los primeros meses después del inicio de la "soca".

Fotografía 91. Rebrote o soca del biotipo blanco a campo abierto.

Fuente: los autores.

Experiencias de campo en otros pisos climáticos

Las primeras experiencias con esta especie en el municipio de Sasaima (1100 msnm) demuestran un rápido crecimiento de las plantas, gran vigorosidad y tolerancia a la mayoría de plagas (principalmente lepidópteros presentes en la zona). En los lotes sembrados se notó una fuerte presencia de malezas anuales, principalmente de hoja ancha, y algunas gramíneas perennes, que de no haberse hecho los deshierbos oportunos, sobre todo en el periodo crítico de competencia, pudieron afectar fuertemente el crecimiento de las plantas de yacón (fotografía 92).

Fotografía 92. Aspectos de una plantación de yacón en Sasaima (Cundinamarca) (1100 msnm).

Fuente: los autores.

Es previsible y prometedora para este piso climático la asociación del yacón con cultivos semipermanentes y permanentes (plátano, café, cacao, cítricos); se debe tener sumo cuidado en no excederse en las densidades de siembra del yacón, sobre todo en cultivos perennes, cuya expansión radicular es muy amplia y bastante superficial (caso de los cítricos).

También fue muy interesante la experiencia del cultivo de yacón en un piso climático más alto que el de la Sabana de Bogotá. En una vereda del municipio de Facatativá (2750 msnm) se condujo una parcela de terreno de 700 metros cuadrados, en la cual se pudieron sembrar 727 propágulos de yacón de ambos biotipos.

El cultivo anterior fue zanahoria. No se fertilizó el yacón, debido al buen contenido de nutrientes por la fertilización anterior. El distanciamiento empleado fue de 1 metro entre surcos y de 0,40 metros entre plantas. En las fotografías 93-98 puede apreciarse: el lote de terreno en su fase de preparación, luego en labores de deshierbo manual con azadón, el cultivo en su máxima etapa de crecimiento e inicio de floración, y finalmente al momento de la cosecha.

Fotografías 93-98. Diversos aspectos de un cultivo semicomercial en el Centro de Investigación y Capacitación (CIC) San Miguel, Facatativá (Cundinamarca).

Fuente: los autores.

También se realizó una pequeña experiencia investigativa en piso térmico cálido (municipio de El Yopal): se sembraron los propágulos en bolsas de plástico, y luego se trasplantaron a campo definitivo. De un total de 247 plantas, la población se redujo a casi el 50 % (fotografías 99 y 100). Por la alta humedad ambiental (continuas lluvias en la zona), se reportó la presencia de hongos y bacterias en el suelo, y en consecuencia, amarillamiento y marchitamiento de las hojas bajeras de las plantas, posterior necrosis de tejidos y muerte de plantas.

Al analizar la superficie del suelo, se observó la presencia de una gran cantidad de miriápodos, como quilópodos y diplópodos, conocidos comúnmente como milpiés y ciempiés; estos, aunque no son considerados como plagas, se ven obligados a buscar alimento y refugio para su reproducción en el yacón. Ello provocó pudrición de raíces y su consecuente mortalidad.

Fotografías 99 y 100. Dos momentos en el ciclo de crecimiento del yacón en El Yopal (Casanare).

Fuente: Ing. Mardelix Pérez.

Costos de producción

Tocar el tema de los costos de producción del yacón implica tener en cuenta una serie de variables implícitas en la producción de esta especie, relacionadas tanto con las raíces como con las hojas. Estas variables pasan desde el mismo costo de la tierra y el tipo de tenencia, la distancia a los mercados y el aprovisionamiento de semilla, hasta las diversas actividades directamente relacionadas, como las labores de cultivo, fertilización, control de plagas y enfermedades, deshierbos, cosecha, entre otras. Todo ello contribuye a tener presentes una heterogeneidad de cifras que dificulta una referencia real para los que ingresan o desean ingresar a este sistema de producción.

Sin embargo, investigadores como Moya (2014) se atreven a facilitar algunos datos bastante cercanos a la realidad, con base en las experiencias de campo en diversas fincas productivas de zonas altas de Cundinamarca, principalmente del Sumapaz, a precios de diciembre de 2013 (tabla 2).

Tabla 2. Costo promedio de producción por hectárea de yacón en piso frío.

Distanciamiento: 1 m x 1 m	Fecha: diciembre de 2013		Ciclo: 9 meses	Altura: 2650 msnm
Concepto	Cant.	Unidad	Valor unitario ($)	Valor total ($)
COSTOS DIRECTOS				
Preparación de suelos				
Preparación manual del suelo	20	Jornales	25.000	500.000
Drenajes y surcado	10	Jornales	25.000	250.000
Subtotal de preparación del suelo				**750.000**
Insumos				
Semilla	10	Cargas	80.000	800.000
Desinfectante de semilla	3	Litros	80.000	240.000
Correctivos (encalado)	10	Bultos	9.500	95.000
Análisis de suelos	1	Análisis	110.000	110.000
Fertilizantes edáficos	10	Bultos	75.000	750.000
Fertilizantes foliares	3	Kilos/litros	25.000	75.000
Material orgánico, humus, compost	40	Bultos	20.000	800.000
Insecticidas biológicos	10	Kilos/litros	55.000	550.000
Fungicidas o bactericidas	2	Kilos/litros	40.000	80.000
Aminoácidos	1	Litros	25.000	25.000
Adherentes y ceras poscosecha	5	Litros	26.000	130.000
Subtotal del insumos				**3.655.000**
Mano de obra				
Siembra	10	Jornales	25.000	250.000
Desyerba	20	Jornales	25.000	500.000
Aporque	15	Jornales	25.000	375.000
Acarreo de insumos	3	Jornales	25.000	75.000
Aplicación de bioplaguicidas	8	Jornales	23.500	188.000

Continúa

Concepto	Cant.	Unidad	Valor unitario ($)	Valor total ($)
Riego (1 riego por semana)	50	Jornales	25.000	1.250.000
Cosecha	40	Jornales	25.000	1.000.000
Selección y lavado	20	Jornales	25.000	500.000
Jornales cargue-descargue	5	Jornales	25.000	125.000
Subtotal de la mano de obra	171	Jornales	25.000	4.263.000
Agua de riego (50 riegos por ciclo)	6000	Metro^3	350	2.100.000
Empaques				
Sacos de fique para raíz comercial	700	Sacos	1.600	1.120.000
Sacos de fibra para raíz no comercial	100	Sacos	800	80.000
Transporte a mercados de Bogotá	6	Viaje	600.000	3.600.000
Subtotal de transporte y empaques				4.800.000
Total de costos directos				**15.568.000**
COSTOS INDIRECTOS				
Imprevistos (5%)	12	Meses	64.867	778.400
Administración (10%)	12	Meses	129.733	1.556.800
Total de costos indirectos				**2.335.200**
GRAN COSTO DE PRODUCCIÓN				17.903.200
Rendimiento	40.000	Kilos		
Pérdidas (20%)	8.000	Kilos		
Rendimiento total	32.000	Kilos		
Costo de producción por kilo				**559,5**

Fuente: elaboración propia con base en Moya (2014).

Según esta información, el costo total de producción para una hectárea de yacón asciende a 17.903.200 de pesos colombianos, a precios de diciembre de 2013, siendo los rubros de insumos, mano de obra, transporte y empaques los más relevantes.

Capítulo 3. Manejo de la poscosecha

Desde el momento en que una fruta u hortaliza se cosecha, se inicia un proceso de deterioro que podría conllevar pérdidas significativas por inadecuadas prácticas poscosecha. Se estima que en Colombia hay pérdidas del 30 y 40%, cifras corroboradas por el Departamento Nacional de Planeación (2016), donde se informa que en el país se pierde y desperdicia 34% de los alimentos a lo largo de toda la cadena alimentaria. Los productos que encabezan la lista en pérdidas y desperdicio son las frutas y hortalizas, con 6,1 millones de toneladas al año. El 64 % de esas pérdidas se ocasionan en la etapa de producción, poscosecha, almacenamiento y procesamiento industrial, debido a una falta de coordinación entre los diferentes actores de la cadena de suministro. El 36% restante se desperdicia en las etapas de distribución y venta al por menor y en los hogares.

La Organización de las Naciones Unidas para la Alimentación y la Agricultura (FAO, 2012, por sus siglas en inglés) reporta que las pérdidas de alimentos tienen un impacto negativo directo en los ingresos, tanto de los agricultores como de los consumidores, además de un impacto ambiental y de la inseguridad alimentaria. Por tal motivo, es necesario implementar un adecuado manejo poscosecha, que origine no solo un valor agregado al producto, sino también —en la producción agrícola— alta calidad y competitividad, y que contribuya a una alimentación sana, inocua y nutritiva, en la búsqueda de alternativas novedosas de sistemas agroalimentarios sostenibles.

Después de ser cosechados, los productos agrícolas sobreviven a expensas de sus reservas acumuladas, y se pueden reconocer diferentes formas de cambios o pérdidas en los productos almacenados, debido a una pérdida de agua, respiración, producción de etileno, efecto de la ventilación y manipuleo poscosecha. En este capítulo se hace una implementación de las operaciones poscosecha al yacón, con el fin de darle un valor agregado, hacerle un análisis de respuesta en su vida útil y así contribuir a disminuir las pérdidas de esta raíz.

Factores que inciden en el deterioro fisiológico poscosecha

Se han señalado diferentes factores que determinan la estabilidad de las raíces, una vez que son cosechadas o extraídas del suelo. Se contemplan los tres siguientes.

Daños mecánicos

La velocidad de deterioro de las raíces está relacionada con los daños físicos presentes en aquellas. En este sentido, Booth (2007) afirma que el deterioro está determinado por las características varietales, como forma de las raíces, adherencia de la cáscara, textura, grado de compactación del suelo y método de cosecha —manual o mecánico—. Para disminuir los efectos de deterioro por daños mecánicos, se realiza un proceso de curado, con el objetivo de sanar las heridas ocasionadas en la extracción de la raíz, para impedir que sean atacadas por microorganismos.

Características varietales

De acuerdo con los estudios realizados alrededor de diferentes especies vegetales, Wheatley (2007) concluye que el deterioro poscosecha está determinado por las variedades o procedencias de las raíces o tubérculos; esto, debido a aspectos como la facilidad de cosecha y correlación entre el contenido de materia seca y el grado de deterioración fisiológica.

Condiciones climáticas

El oxígeno es un factor determinante en el deterioro fisiológico, debido a que favorece las reacciones enzimáticas. Por tal razón, Aristizábal y Sánchez (2007) proponen que evitar el acceso de oxígeno a los tejidos parenquimatosos o la inhibición de las reacciones enzimáticas son factores que controlan la estabilidad de la raíz luego de cosechada, como también son influyentes aspectos como la época de cosecha y las condiciones climáticas.

De igual forma, Seminario, Valderrama y Manrique (2003), mencionan que la perecibilidad de las raíces del yacón se debe principalmente a factores como la temperatura y la humedad relativa, debido a que la humedad atmosférica alta puede disminuir la pérdida de peso, más aún si se realiza con disminución de temperatura.

Experiencias en el manejo poscosecha

Las experiencias en el manejo poscosecha del yacón estuvieron dirigidas hacia la caracterización fisicoquímica de las raíces reservantes para los dos biotipos inicialmente estudiados (rojo y blanco), en las dos condiciones de cultivo (campo abierto e invernadero) y estudio del comportamiento de las raíces con la implementación de envases y operaciones de encerado y parafinado. Para la primera fase de caracterización, se utilizaron 90 raíces, con 9 meses de ciclo vegetativo. Una vez cosechadas, se les realizaron análisis fisicoquímicos por triplicado. Para estos análisis, se siguieron los siguientes métodos:

Sólidos solubles totales: AOAC 990.20 (2005)
pH: AOAC 981.12 (1997)
Porcentaje de acidez: AOAC 22.060 (1990)
Porcentaje de humedad: AOAC 927.05 (2005)
Azúcares reductores: método DNS (ácido dinitrosalicílico)

Análisis estadístico: fue llevado a cabo por análisis de comparación de medias, utilizando la *t-Student* con $n < 30$, y un software Minitab 16.

Caracterización de la materia prima

La tabla 1 muestra que el porcentaje de humedad de esta raíz es alta (85-87 %), sin que exista diferencia significativa entre los dos biotipos y condiciones de siembra ($p<0{,}05$). Los resultados encontrados concuerdan con los rangos reportados por Chirinos (1999), que fueron entre 81-90 %. El alto contenido acuoso de esta raíz, así como su crecimiento en contacto con el suelo, predisponen al deterioro microbiológico de la planta y a sufrir una deshidratación, si no se encuentra en condiciones adecuadas de almacenamiento (^{a}T y HR).

TABLA 1. Caracterización fisicoquímica de dos biotipos de yacón.

CARACTERÍSTICAS FISICOQUÍMICAS	CAMPO ABIERTO/ BLANCO	CAMPO ABIERTO/ ROJO	INVERNADERO/ BLANCO	INVERNADERO/ ROJO
Humedad (%)	86.8±1.3	85.5±1.3	87.3±0.6	85.9±0.8
Sólidos S. totales	6.6±1.4	7.1±4.2	9.7±0.8	10±1.5
pH	6.4±0.2	6.3±0.0	6.5±1.2	6.3±0.1
Azúcares reductores (% en peso)	11 ±0.4	10.3±0.6	14.8±8.54	16.1±9.3
Azúcares totales (% en peso)	13.9±1.4	12.2±0.4	15.9±0.2	17.87±0.2
Acidez (%, expresado en ácido málico)	0.31±0.6	0.27±0.5	0.23±1.8	0.26±0.9

Fuente: elaboración propia con base en Burgos, Padilla, Arrázola (2007).

Respecto a los sólidos solubles totales (SST), expresados en grados Brix, los resultados informan que hay diferencias significativas p> 0,05 en las condiciones de siembra, esto debido a que bajo invernadero, la raíz tuberosa estuvo protegida de las condiciones climáticas, especialmente de lluvias intensas que se presentaron durante este periodo de producción, lo que pudo incidir en la madurez fisiológica del producto.

El pH de esta raíz tiene un comportamiento como el de la mayoría de las hortalizas (básico), y está relacionado con el porcentaje de acidez (a mayor pH, menor porcentaje de acidez). Respecto al porcentaje de azúcares reductores, este es mayor bajo invernadero, debido a que al final del ciclo vegetativo hay una hidrólisis de los fructooligosacáridos a azúcares reductores (sacarosa), como lo indica Seminario (2003), y esto está directamente relacionado con el tiempo de desarrollo. Los datos informan que bajo invernadero es necesario realizar cosechas más tempranas que en campo abierto.

Composición química de la raíz

Aunque no se llevó a cabo la parte experimental de la composición química de las raíces de yacón en los dos biotipos, este escrito desea reportar los resultados de la investigación de López (2007). La tabla 2 muestra que la cantidad de proteína en este vegetal para las dos variedades es bajo (2,59 % para el biotipo blanco y 2,03 % para el biotipo rojo o morado), en comparación con lo reportado por Herman *et al.* (1999), donde se informa que la proteína del yacón se puede encontrar entre 2,7 % y 4,9 %. Se conjetura que los cambios agroecológicos (modos de producción, condiciones agroecológicas y uso de recursos naturales) inciden directamente en estas cifras. Los resultados obtenidos confirman que el grupo de frutas y hortalizas frescas contiene un aporte de proteína en un rango de 0,5-3 % (De Luján, 2014). El yacón, frente a tubérculos y raíces, contiene un porcentaje cercano al 3 % de proteína, mientras que la papa contiene 2,0 %, y la yuca solo cuenta con 0,9 % de esta macromolécula (Instituto Colombiano de Bienestar Familiar, 2005).

Tabla 2. Composición química de dos variedades de yacón (blanco y morado).

Característica	Unidad (%)	Variedad blanca	Variedad morada
Humedad		83,56	85,21
Proteína	Base seca	2,59	2,03
Fibra cruda	Base seca	16,91	17,01
Carbohidratos solubles totales	Base seca	71,8	72,59
Almidón	Base seca	2,61	3,02
Cenizas	Base seca	5,1	4,4
Grasa y otros	Base seca	0,99	0,95

Fuente: López, 2007.

Respecto a los carbohidratos, el valor reportado es bajo respecto a lo que informan otros autores, que reportan que los carbohidratos representan el 90 % del peso seco de las raíces recién cosechadas, de los cuales 50-70 % son fructoligosacáridos (FOS), y el resto sacarosa, fructuosa y glucosa (Ohyama *et al.* y Asami *et al*, citados en Seminario *et al.*, 2003).

Sin embargo, solo se calcularon los carbohidratos solubles y no se cuantificaron los insolubles, como la celulosa y la hemicelulosa. Respecto al almidón, no hay diferencias significativas entre los dos biotipos ($p < 0,05$), pero sí frente al almidón contenido en tubérculos como la papa, que es aproximadamente de 14,46 % (Loyola, Oyarce y Acuña, 2010). El contenido de cenizas reporta un porcentaje representativo especialmente para el biotipo blanco; este porcentaje puede estar correlacionado con que altos contenidos de minerales, pueden retardar el crecimiento microbiano.

Descripción morfológica de las raíces reservantes

El número mínimo de descriptores se definió tomando en cuenta las siguientes consideraciones respecto al carácter:

- Debe ser de fácil observación.
- Debe repetirse.
- Debe ser constante (estable en diferentes lugares).
- Debe ser de fácil registro.
- Debe darse al menor tiempo posible.

Los descriptores definidos fueron:

- Color de la piel de la raíz reservante.
- Color predominante de la pulpa.
- Color secundario.
- Calidad de la pulpa.
- Oxidación de la pulpa.
- Forma.
- Características de la epidermis.

Los resultados para la descripción morfológica de las raíces de yacón de los dos biotipos estudiados se muestran respectivamente en las tablas 3 y 4. Se ubica, en primer lugar, la característica de las raíces en cuanto a color de piel; luego, las características de la epidermis, el color, calidad y oxidación de la pulpa, y, por último, la forma de las raíces reservantes.

Tabla 3. Descripción morfológica de las raíces de yacón biotipo blanco.

Característica	Descripción	Biotipo blanco
Color de la piel de la raíz reservante	Blanco marfil y zonas marrones.	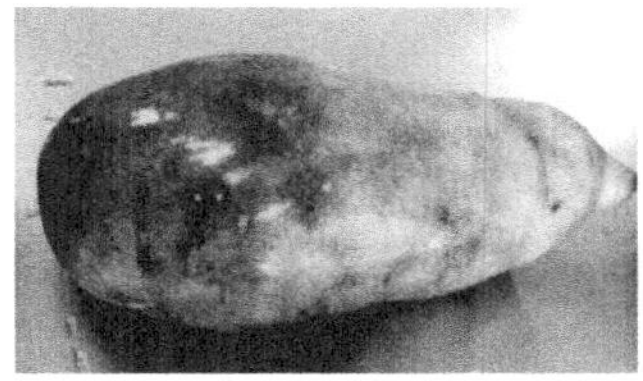
Color predominante de la pulpa de la raíz	Crema.	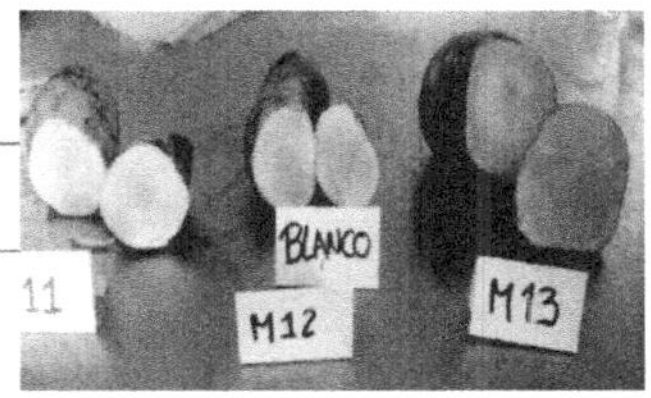
Color secundario	Blanco marfil.	
Distribución de color	El color predominante se presenta en forma de anillo central.	
Calidad de la pulpa de la raíz	Mayor jugosidad; ligeramente dulce.	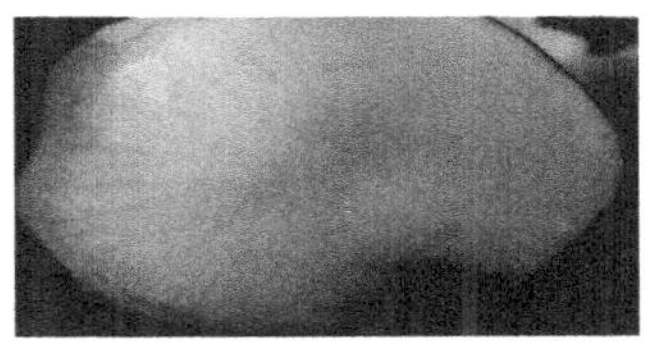
Oxidación de la pulpa	Inicia en la parte externa de la pulpa.	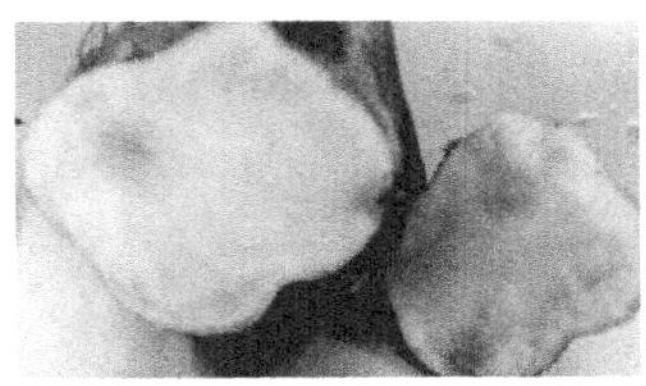
Características de la epidermis de la raíz	Lisa.	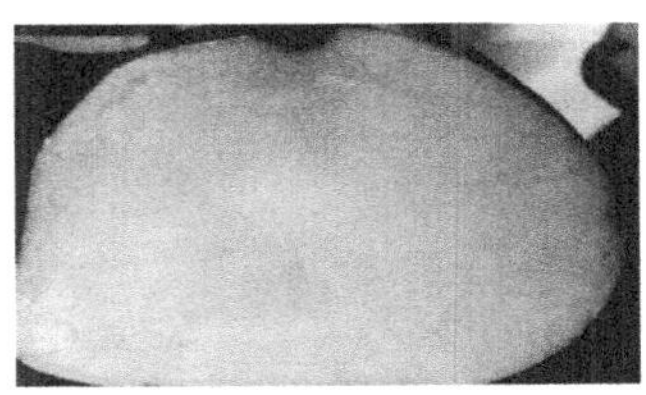
Forma	Redondo fusiforme, largo curvado con extremidad en punta, largo ovalado.	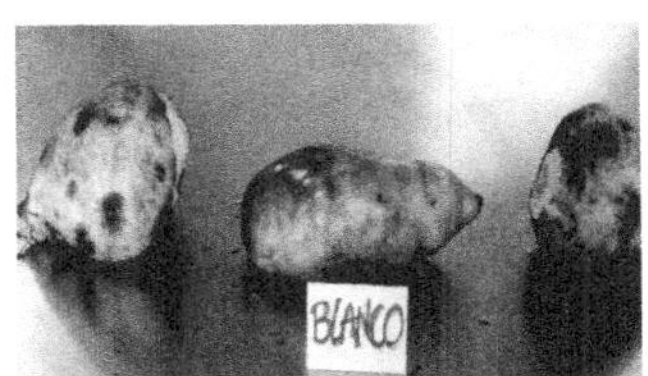

Fuente: elaboración propia con base en Tapia y Fries (2007).

TABLA 4. Descripción morfológica del yacón biotipo rojo.

CARACTERÍSTICA	DESCRIPCIÓN	BIOTIPO ROJO
Color de la piel de la raíz reservante	Purpura rojizo y zonas marrones.	
Color predominante de la pulpa de la raíz	Naranja rojizo.	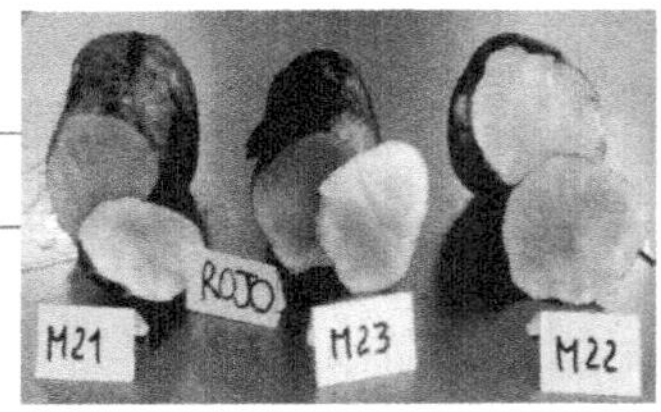
Color secundario	Crema.	
Distribución de color	El color predominante se presenta en forma de anillo central.	
Calidad de la pulpa de la raíz	Muy jugoso; dulce.	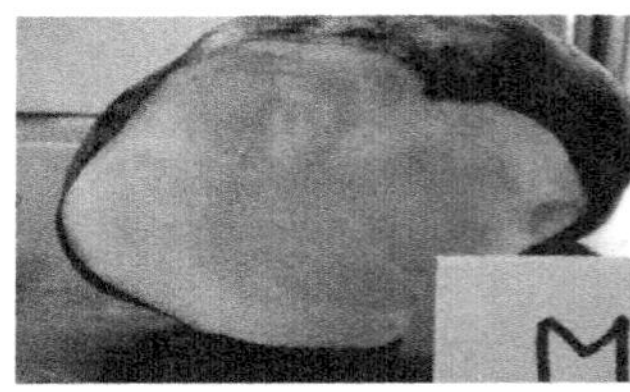
Oxidación de la pulpa	Se visibiliza en los extremos de la pulpa; relativamente poca.	
Características de la epidermis	Lisa.	
Forma	Largo fusiforme, raíces alargadas, con extremidad más estrecha que el centro. Redondo fusiforme.	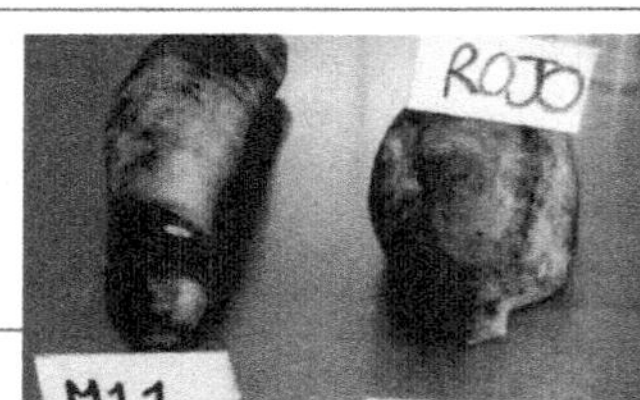
Variación de la forma	Regularmente variables.	

Fuente: elaboración propia con base en Tapia y Fries (2007).

Las tablas 3 y 4 muestran que los dos biotipos presentan diferencias en los descriptores morfológicos marcados en el color (tanto de la cáscara como de su pulpa), al igual que en su sabor (dulzor). Esto confirma que las características dependen de cada biotipo, y dentro de cada una de las formas habría aun mayor variabilidad (Unalm, 2000).

Deterioro de calidad

De los biotipos cosechados, se determinó el porcentaje de defectos que demeritaban la calidad. Los ítems evaluados como causales de deterioro de la calidad fueron:

- Rajado de la epidermis y la pulpa
- Rajado solo de la epidermis
- Partido
- Picado por insectos
- Oxidación interna

Los productos cosechados presentaron rajado de la epidermis y de la pulpa en un 70 % (figura 1). Esto, debido posiblemente a la alta disponibilidad de agua en el suelo durante lluvias prolongadas y a una humedad relativa alta, condiciones que acentúan esta fisiopatía, junto con otros factores: internos, que posibilitan el rajado (Fischer, Miranda, Piedrahíta y Romero, 2005); la acción mecánica de la cosecha, y el cambio brusco de temperatura al momento de la extracción de las raíces del suelo.

FIGURA 1. Causas de deterioro de la calidad.

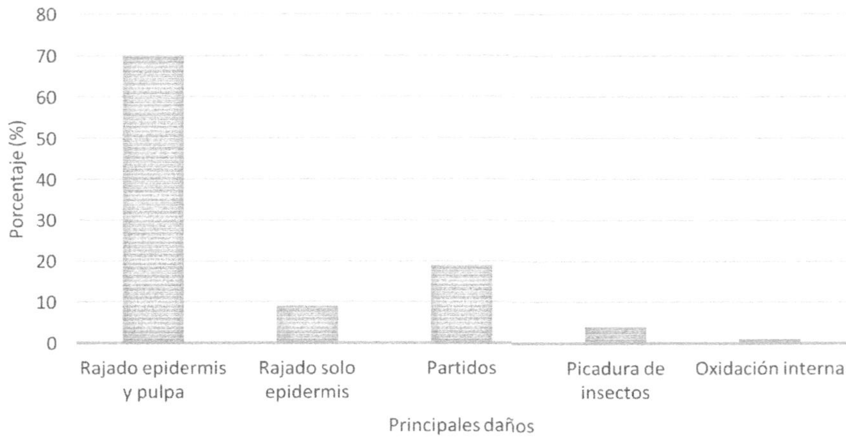

Fuente: elaboración propia con base en Jiménez *et al.*, 2013.

Autores como Jones y Aldwinckle (1990) encontraron que existe una fuerte asociación entre el rajado y la tasa de transpiración deprimida. El porcentaje de raíces tuberosas partidas asciende a un 18 %, debido a la forma de cosechar, que se hace manualmente con la ayuda de un palín o un azadón, lo que produce daños mecánicos y fracturas al producto, especialmente al desprender la raíz de la corona.

Seminario *et al.* (2003) informan que este daño está relacionado con el grosor de la raíz y el cuidado que se tenga en el desgaje. Los defectos observados y cuantificados muestran una alta disminución de la calidad de estas raíces, debido a rajaduras (en la pulpa o en la epidermis, o en ambas) y productos partidos. Los efectos negativos se observan en los procesos fisiológicos del producto, en su corta vida en anaquel que se traducen en una disminución de su valor comercial.

Otros factores que afectan las raíces son: ataques de insectos tierreros, como larvas de lepidópteros y algunos coleópteros, que pasan parte de su ciclo en el suelo (afectación menor al 5 %); oxidación (1 %, aproximadamente, debido a que los análisis de deterioro se realizaron recién cosechadas las raíces y el estudio se hizo *insitu*, evitando así tiempo de contacto con el oxígeno para que se llevara a cabo esta reacción). Se presume que el 1 % afectado pudo haber sufrido daños mecánicos que generan un descompartimiento celular, que provoca la actividad enzimática de la polifenol oxidasa, oxidando los grupos fenólicos a o-quinonas (tabla 5).

Tabla 5. Principales defectos de calidad en las raíces tuberosas.

Causa de deterioro	Biotipo blanco	Biotipo rojo
Rajado de la epidermis y la pulpa.	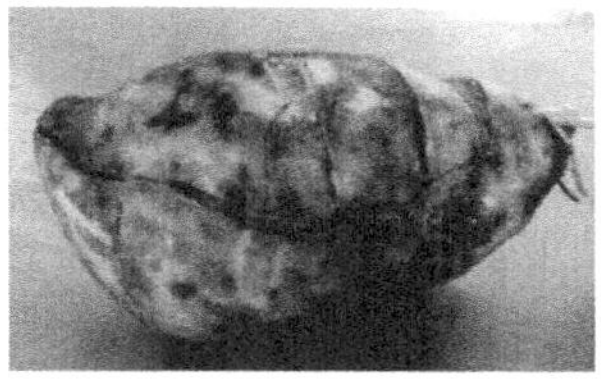	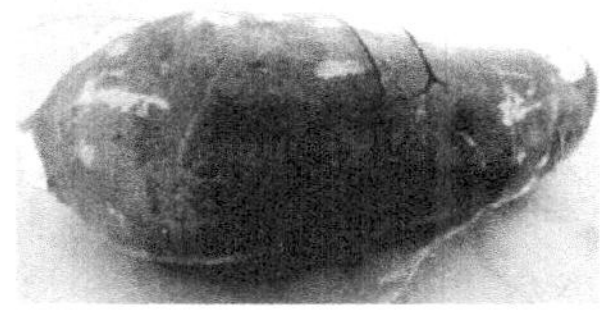
Rajado solo de la epidermis.	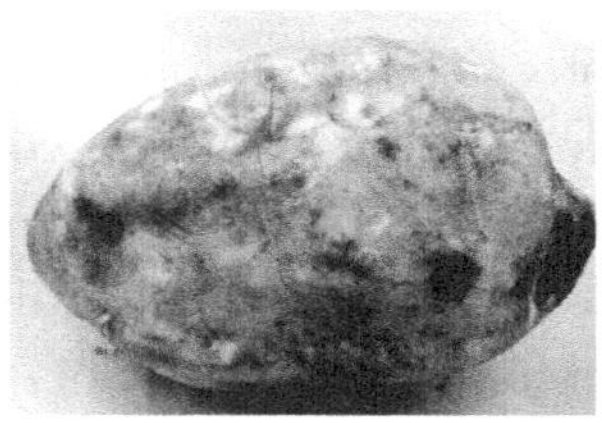	
Partido.	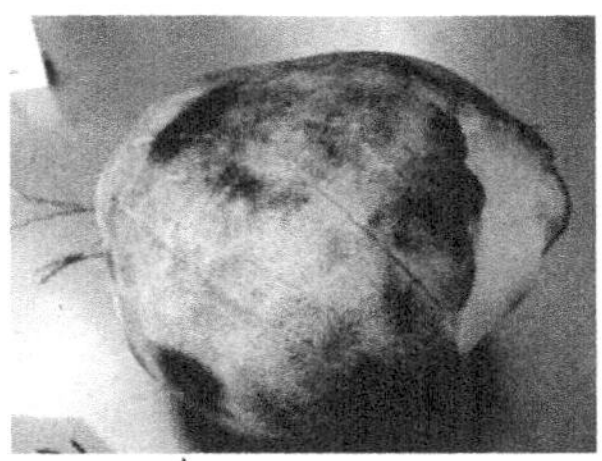	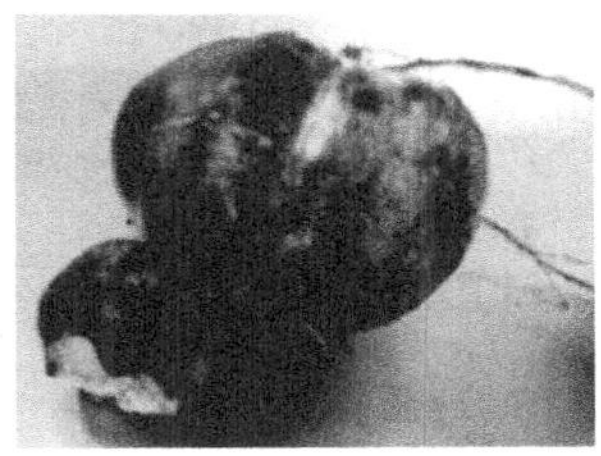
Picadura de insectos.	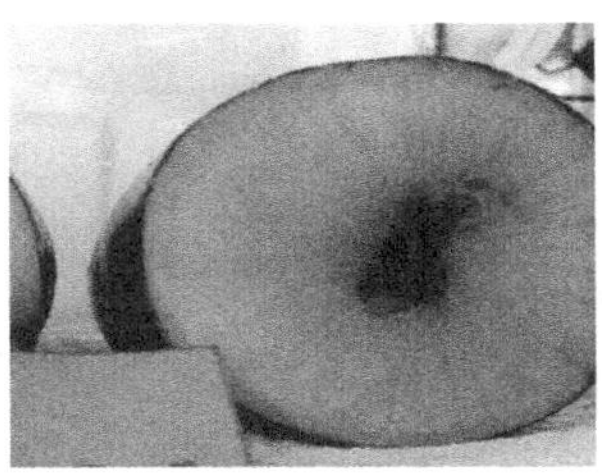	
Oxidación interna.	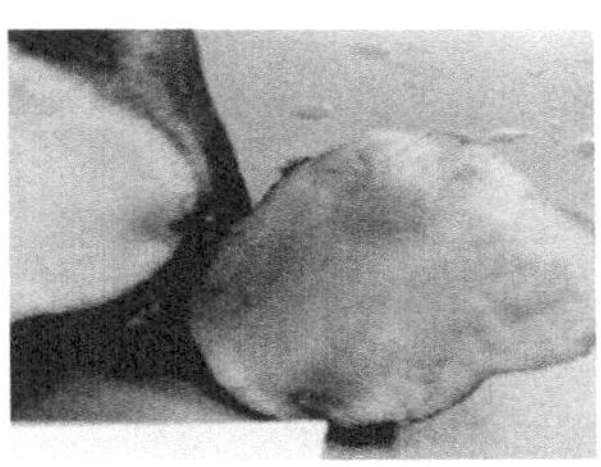	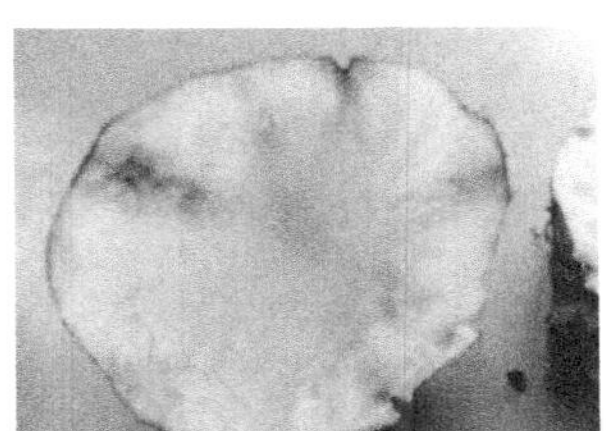

Fuente: elaboración propia con base en Jiménez *et al.*, 2013.

Factores que inciden en el deterioro de la calidad

Pérdida de peso

Las raíces tuberosas como el yacón, una vez cosechadas continúan su proceso de transpiración; es por esto que se hace necesario almacenarlas en condiciones controladas (humedad relativa y temperatura), para que no pierdan agua y generen inconvenientes de pérdida de peso, turgencia y, por ende, disminución en su calidad comercial y nutricional.

Con la finalidad de conocer las variaciones de peso en relación con las condiciones de almacenamiento, se tomaron muestras de raíces de un peso conocido (gramos) de los biotipos rojo y blanco; se colocaron en dos condiciones de almacenamiento: un primer grupo, a una humedad relativa de 60-70 % y temperatura ambiente de 18-22 °C. Se hizo el seguimiento durante los días 3, 6, 9, 12, 18 y 21 para ambos biotipos. El segundo grupo se almacenó en refrigeración, ambos biotipos a una temperatura de 4-7 °C y una humedad relativa de 75-85 %. Se realizó el seguimiento durante los días 3, 6, 9, 12, 18 y 21. Se utilizó un termohigrómetro marca Extech.

FIGURA 2. Pérdida de peso en condiciones de almacenamiento T° 18-22 °C y HR 60-70 %.

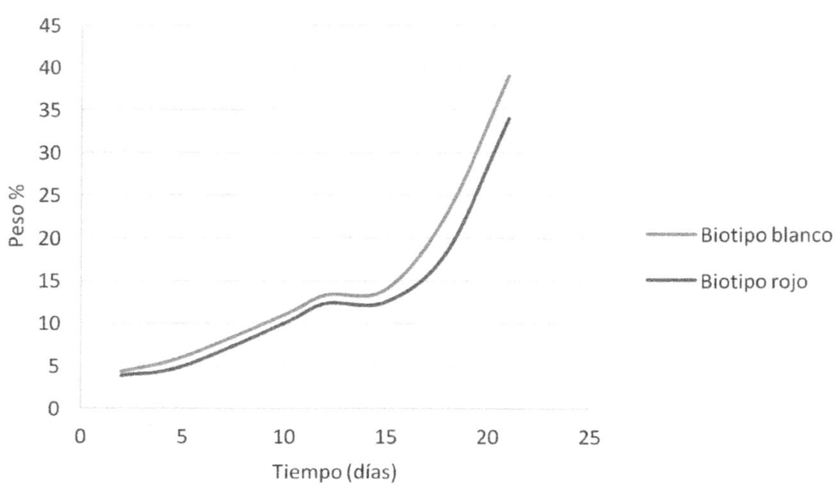

Fuente: elaboración propia con base en Parra-Coronado, Hernández, Camacho-Tamayo (2008)

La figura 2 muestra los resultados obtenidos en la evolución del porcentaje de pérdida de peso de la raíz tuberosa en el transcurso del tiempo en condiciones de almacenamiento de T° 18-22 °C y HR 60-70 %. En ambos biotipos (rojo y blanco), al tercer día de almacenamiento se tuvo una pérdida de peso cercana al 4 %. Con el transcurrir de los días (al décimo día), se notó un incremento del 12 %, que marcó cambios en la firmeza y presentación del producto. Para el día 21, el biotipo rojo había perdido 34 % y el blanco, un valor cercano al 40 %, posiblemente debido a que la relación superficie-volumen era menor que la del biotipo rojo.

Sobre las características sensoriales, los dos biotipos perdieron su sabor (dulzor y acidez) y presentaron un marchitamiento que demerita los atributos iniciales de calidad. Los resultados anteriormente citados coinciden con lo que afirman Roger (1998) y Alférez y Zacarías (2003) respecto al almacenamiento en condiciones de humedad relativa baja, que provoca pérdidas de peso excesivas por aumento de la transpiración y daños en la piel. Arce (2002) informa que la deshidratación se debe a que los tubérculos tienen un contenido de lenticelas y estomas que se encuentran debajo de la epidermis, que regulan la velocidad de intercambio de vapor de agua y de gases. Por tal motivo, Muñoz (2009) propone que luego de ser cosechadas, las raíces tuberosas se deben localizar en un lugar oscuro, seco y fresco. En la tabla 6, se aprecian los cambios por causa de deshidratación por transpiración en el transcurso del tiempo.

Tabla 5. Raíces de yacón almacenadas a temperatura ambiente y humedad relativa de 60-70 %.

Biotipo	Deshidratación de la cáscara a través del tiempo		
	Día 1	Día 12	Día 21
Rojo			
Blanco	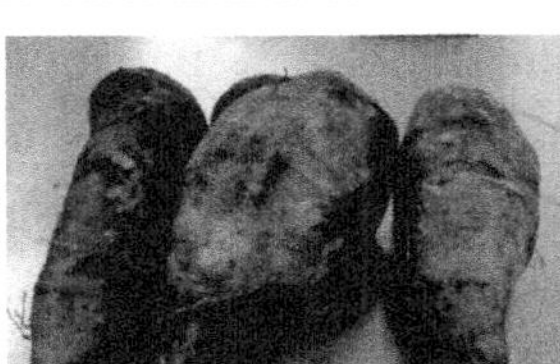	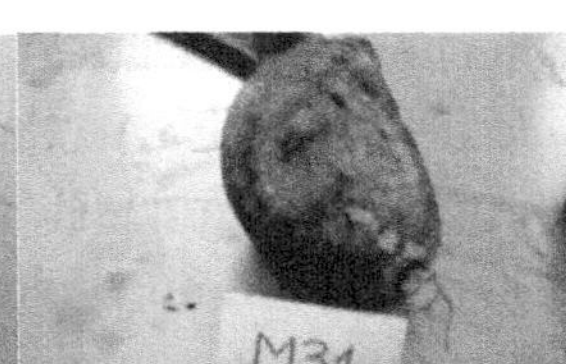	

Fuente: elaboración propia con base en Parra-Coronado, Hernández, Camacho-Tamayo (2008)

El tratamiento, a una temperatura de 4-7 °C y una humedad relativa de 75-85 % ralentizó los procesos de deshidratación. Los dos biotipos tuvieron, durante los 21 días de almacenamiento, un comportamiento similar, tal como lo muestra la figura 3. A los 5 días de almacenamiento, los productos habían perdido menos del 2,0 % de peso, y en el transcurrir del tiempo (15 días) se observó que habían alcanzado una pérdida de 6,0 %, aproximadamente. Para finalizar el día 21, la pérdida fue de 9 % para el biotipo rojo, y de 11 % para el biotipo blanco. La temperatura de refrigeración está altamente relacionada con la humedad relativa, que es un factor preponderante en la conservación de la raíz; disminuye la presión de vapor y, por lo tanto, reduce la velocidad de transpiración (Gallo, 1996).

FIGURA 3. Pérdida de peso en condiciones de almacenamiento T° 4-7 °C y HR 75-85 %.

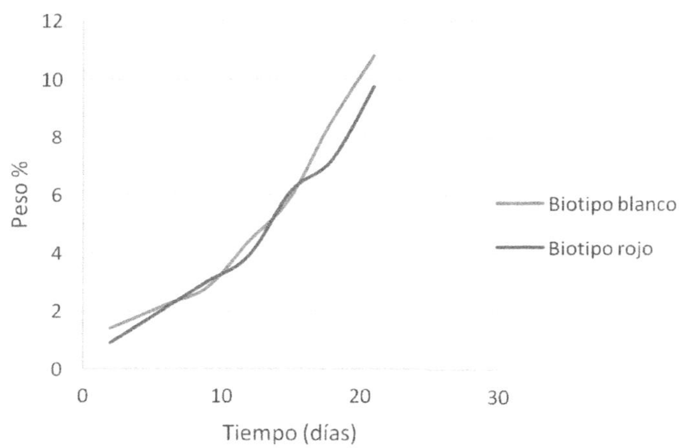

Fuente: elaboración propia con base en Parra-Coronado, Hernández, Camacho-Tamayo (2008).

López y Páez (2002) afirman que la pérdida de peso fresco hasta del 5 % es un indicador de la rentabilidad del almacenamiento. En productos con alto contenido de agua, como es el caso de la raíz de yacón (87 %), se hace necesario tener una atmósfera con una humedad relativa alta de 85-95 %, para que no haya diferencia entre la cantidad de vapor de agua que puede retener la atmósfera, el cual depende de la temperatura, y la cantidad de vapor de agua que contiene la atmósfera en ese momento, lo que se denomina déficit de presión de vapor (DPV).

En la figura 3 se observa un comportamiento similar de ambos biotipos a bajas temperaturas y humedades altas, pues perdieron, para el día 21, alrededor del 10 % de su peso. La pérdida de peso por almacenamiento inadecuado también se traduce en una pérdida económica (del valor comercial del producto), y nutricional (pérdida de vitamina C). Esta variable demarca una gran importancia al almacenar las raíces de yacón. Con estos resultados se puede inferir que es necesario, además de una adecuada temperatura y humedad relativa de almacenamiento, integrar el uso de un envasado adecuado para minimizar estas pérdidas.

Variación de azúcares

A diferencia de la mayoría de las raíces y tubérculos que reservan almidón en sus órganos, el yacón almacena principalmente fructooligosacáridos (FOS) (60-70 % en base seca) y una baja proporción de azúcares reductores, como glucosa, fructosa y sucrosa (Asami *et al.*, 1989).

Los fructooligosacáridos son azúcares de baja digestibilidad, que aportan pocas calorías y brindan muchos beneficios a la salud (Weaver, 2004). Después de la cosecha, la concentración de FOS sigue un curso contrario, ya que se inicia un proceso de conversión en azúcares simples, favorecido por las temperaturas de almacenamiento al ambiente. Esto no es conveniente, pues se pierde la calidad del producto cosechado (disminución de los FOS).

Para evaluar la conversión de fructooligosacáridos en sacarosa, se cosecharon raíces de 9 meses de siembra, de los dos biotipos, sin haber sido asoleados. Se les realizó la determinación del contenido de azúcares totales, reductores y no reductores. Para calcular el contenido de azúcares totales por expresión algebraica, se utilizó la técnica con el reactivo DNS y por espectrofotometría. El cálculo para el contenido de sacarosa se realizó por diferencia entre los valores obtenidos sobre los gramos de azúcar total menos el contenido en gramos de azúcar reductor, por cada 100 gramos de muestra. Para determinar la evolución de los FOS en azúcares simples, para el biotipo rojo, se hizo el seguimiento cada 10 días, hasta alcanzar un tiempo total de 40 días, en condiciones de almacenamiento a temperatura ambiente (18-22 °C); para el biotipo blanco, se hizo el seguimiento en el mismo tiempo, pero en condiciones de refrigeración (4-6 °C).

Los resultados informan que hay diferencias significativas ($p<0,05$) entre los dos tratamientos. En ambos biotipos se hidrolizan sus FOS y aumenta la concentración de sacarosa (figura 4), transformación que se ve catalizada por la temperatura y el tiempo de almacenamiento. El biotipo rojo, al estar en condiciones de temperatura ambiente al finalizar los 40 días de experimentación, tiene un 55 % menos de FOS, lo que determina que pierda sus propiedades funcionales.

FIGURA 4. Conversión de fructooligosacáridos en sacarosa para los dos biotipos de yacón bajo dos condiciones diferentes de almacenamiento.

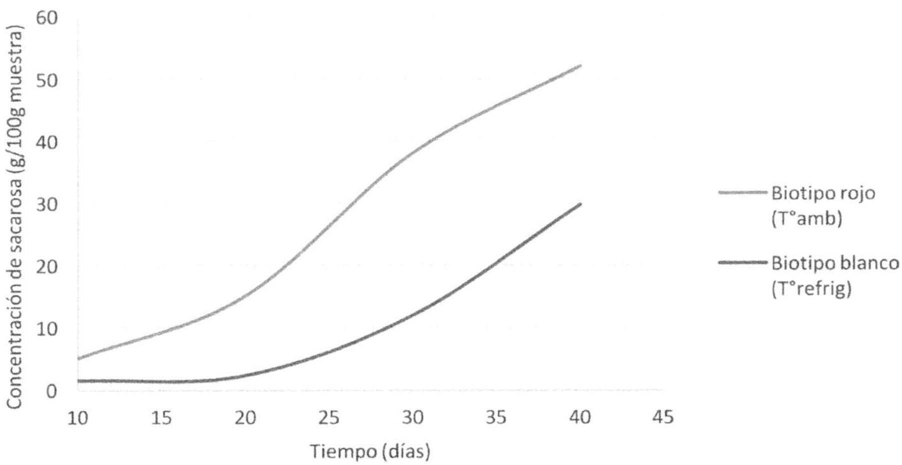

Fuente: elaboración propia con base en Gutiérrez y Vaca (2011).

Dichos resultados se acercan a los reportados por Graefe, Hermann, Manrique, Golombek *et al.* (2004), cuyos estudios han demostrado que luego de la cosecha, las raíces empiezan un rápido proceso de cambio en la composición química de sus azúcares: los FOS son hidrolizados en azúcares simples por la acción de una enzima llamada fructano hidrolasa, que los convierte en fructosa, sacarosa y glucosa. Después de una semana de almacenamiento a temperatura ambiente, alrededor del 30-40 % de los FOS se habrán transformado en azúcares simples. Además, Santana y Cardoso (2008) afirman que entre las enzimas responsables de estos cambios se encuentran la fructosiltransferasa sacarosa (SST) y la enzima fructanfrutosiltransferase (FFT); esta última tiene la función de catalizar la unión de dos moléculas para producir fructanos con mayor grado de polimerización, razón por la cual es necesario procesar la raíz tuberosa en el menor tiempo posible después de cosechada.

Respecto al biotipo blanco, la hidrólisis ocurre más lentamente, transcurrido un mes de cosechado, debido a que este biotipo estuvo almacenado en condiciones de refrigeración (4 °C) y una humedad relativa del 85 %. Estos resultados están soportados en otros autores, donde se informa que con almacenamientos a bajas temperaturas (5 °C), la hidrólisis de los FOS se reduce: Lachman, Havrland y Fernández (2004) informan que durante un periodo de almacenamiento de

140 días, a 10 °C, y una humedad relativa del 75 %, el contenido de FOS decrece en un 48,7 % y el contenido de monosacáridos se incrementa en fructosa (9,9 %), glucosa (31,4 %) y sacarosa (porcentaje restante).

Sobre lo anterior, Asami *et al.*, (1991) registra estudios de almacenamiento a bajas temperaturas, en los que se ha encontrado que a temperaturas de 5 °C las raíces tuberosas presentan un mayor contenido de FOS que las raíces almacenadas a 25 °C. Por lo tanto, los autores concluyen que al disminuir la temperatura de almacenamiento, la conversión de aquellos es menor, tal como se evidenció en este estudio.

En el campo hay prácticas que conllevan a la degradación de los FOS, como es asolear el producto por varios días hasta que se arrugue la piel, con el fin de obtener un producto más dulce y agradable (Chasquibol *et al.*, 2002), pero desconociendo que es la conversión de FOS en azúcares simples.

Tasa respiratoria

La respiración es un fenómeno fisiológico complejo en el que intervienen numerosas reacciones químicas, controladas cada una por las cantidades de sustrato disponible, las condiciones de pH, la temperatura, la difusión de los gases, entre otros. Los factores externos (temperatura, composición de la atmósfera, iluminación) controlan indirectamente la intensidad de la respiración, al igual que los factores internos propios de la planta (edad, estado de desarrollo), que influyen directamente sobre los ciclos metabólicos.

La pérdida de las reservas del material orgánico en el producto durante la respiración significa aceleración de la senescencia, conforme se agotan las reservas que mantienen vivo al producto; reducción en el valor nutritivo; pérdida en la calidad del sabor, especialmente dulzura y pérdida de peso seco (Kader, 1992).

La perecibilidad de los productos cosechados es generalmente proporcional a la tasa respiratoria; por lo anterior, se determinó el índice de respiración utilizando los dos biotipos de yacón después de cosechados, y siguiendo el método de titulación utilizado por Monte y Arévalo (2001). Los días de seguimiento fueron para los días 3, 6, 9 y 12, a una temperatura de 20 °C.

La figura 5 presenta los resultados del índice de respiración (IR) en los dos biotipos (rojo y blanco). Se encuentra que no hay diferencia significativa ($p< 0,05$) en esta variable, pues su comportamiento en el transcurso del tiempo disminuye progresivamente, comportamiento similar a los productos no climatéricos. Además, los tejidos de reserva respiran menos que las hojas, tallos y frutos.

Sotomayor (2004), quien determinó la velocidad de respiración de las raíces de yacón, informa que la respiración está directamente relacionada con el uso de envase y la temperatura de almacenamiento, pues hay mayor cantidad de FOS cuando se almacena con películas de baja densidad y a temperaturas de refrigeración alrededor de los 5 °C.

FIGURA 5. Tasa de respiración de raíces de los dos biotipos de yacón.

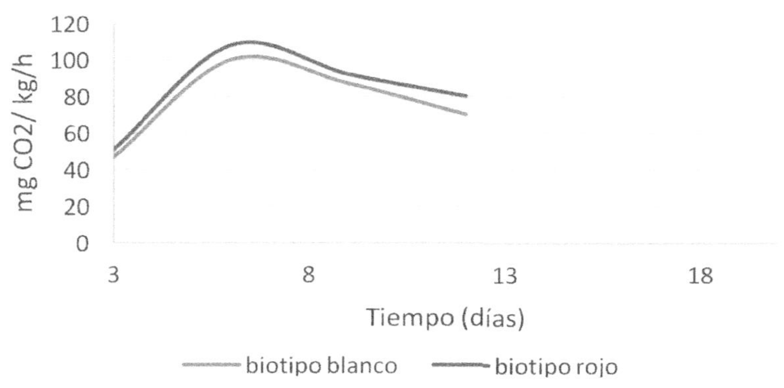

Fuente: elaboración propia con base en Angueira, Sandoval y Barreiro (2003).

Alternativas para minimizar el deterioro fisiológico poscosecha en raíces de yacón

Las tecnologías de poscosecha han sido ampliamente utilizadas para aminorar los problemas de almacenamiento y para modificar el comportamiento fisiológico de frutas y hortalizas, logrando así una mayor calidad y durabilidad para su comercialización. La vida útil de los vegetales se ve limitada debido a dos importantes factores: el oxígeno atmosférico y los microorganismos aerobios, los cuales disminuyen la calidad del producto a través del tiempo, generando por ello pérdidas económicas y reducción de la posibilidad de distribución a lugares lejanos (Loyola y Ariola, 2012).

Operaciones de manejo poscosecha del yacón

La implementación del manejo poscosecha no solo aumenta la vida útil del producto, sino además permite generar productos del alta competitividad en el mercado. Según la FAO (2012), el periodo transcurrido desde la recolección de los productos en el campo hasta que son consumidos en estado fresco, o utilizados en un proceso de preproducción o transformación, se le conoce con el nombre de *poscosecha*. Este periodo comprende las etapas de selección, clasificación, empaque, embalaje, transporte y almacenamiento, tal como se aprecia en la figura 6. Sin embargo, su realización total y parcial, o la secuencia de ellas, depende de cada cultivo.

Figura 6. Etapas de un sistema poscosecha para el yacón.

Fuente: Kader y Pelayo-Zaldivar (2011).

Recepción de materia prima

Las raíces de yacón se cosecharon en horas de la mañana (8 a. m.), para minimizar el calor de campo; se recibió el producto en canastillas plásticas y se verificó el peso de llegada.

Preenfriamiento

Se disminuyó el calor de campo con el objetivo de retardar los procesos fisiológicos de maduración y pudrición, además de conservar la apariencia y reducir el tonelaje de refrigeración requerida. Las raíces llegaron con un calor de campo de 19 °C y se evaluaron dos procesos de preenfriamiento:

- **Hidroenfriamiento**

Se sumergieron las raíces en agua potable a 4-6 °C durante 2 horas; posteriormente, se escurrieron para eliminar el exceso de agua y se almacenaron en un frigorífico, a una temperatura de 8 ± 2 °C y una humedad relativa de 80 ± 4 %. La reducción de calor fue de 19 a 6 °C (fotografía 1). La ventaja de este método es que es uniforme.

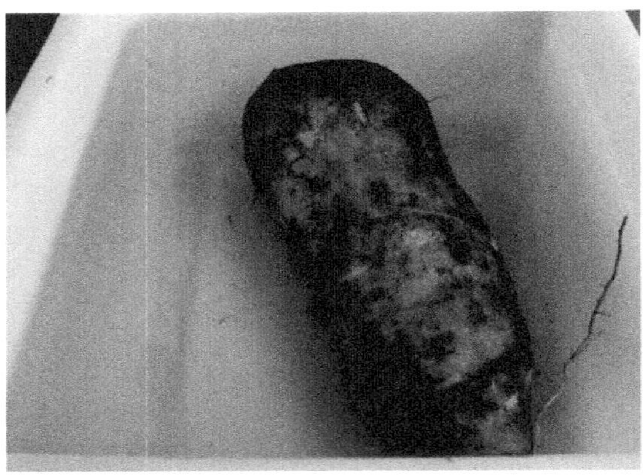

Fotografía 1. Retiro de calor de campo por inmersión en agua.

Fuente: Alánis-Guzmán, García, Reyes-Avalos, Meza-Velásquez. (2013).

- **Preenfriamiento con hielo**

Se envasaron las raíces en bolsas de polietileno para evitar daños debido al contacto directo con el hielo en cubos (fotografía 2).

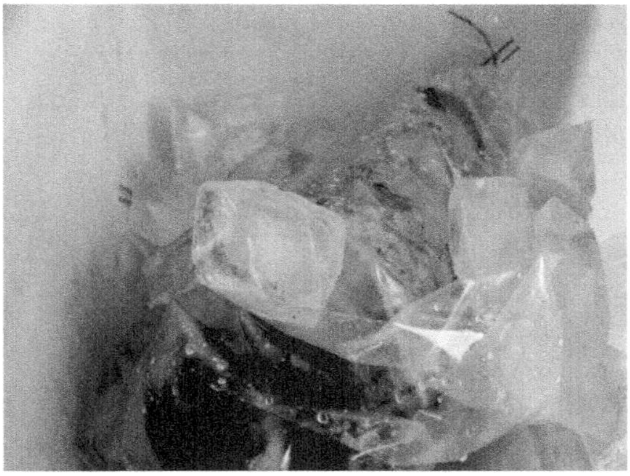

Fotografía 2. Envase de raíces en bolsas de polietileno y colocadas en hielo.

Fuente: elaboración propia con base en Carballo y Scalone (2005).

Los resultados mostraron que el tratamiento de preenfriamiento con hielo retiró el calor de campo en un tiempo más corto (59 minutos), para llegar a la misma temperatura del preenfriamiento por agua (6 °C). Desde el punto de vista de eficiencia en el consumo de energía del enfriamiento con hielo, medio kilogramo puede enfriar cerca de 1,5 kilogramos de producto y reducir la temperatura de 29 a 5 °C (Yáñez, 2015). Además, para determinar el diseño de los tratamientos antes mencionados, es necesario tener en cuenta las propiedades térmicas del vegetal, como son: calor específico, conductividad térmica y coeficiente de transferencia de calor.

Selección

La etapa de selección se hizo con el propósito de eliminar productos que, por sus defectos, no son aptos para la venta en fresco. Se llevó a cabo por medio del atributo de sanidad, separando o eliminando raíces tuberosas que mostraron pudrición, daño mecánico, enfermedades, ataque microbiológico, entre otros. La operación de selección se realizó manualmente sobre muestras provenientes de campo abierto, y con 9 meses trascurridos desde su siembra. Se tomó como unidad de estudio 55 kilogramos de cada uno de los biotipos. Dicha operación se realizó en una mesa de acero inoxidable y a luz indirecta en la planta piloto de vegetales de la Universidad de La Salle.

TABLA 7. Selección de yacón basado en criterios de sanidad.

CRITERIOS TÉCNICOS	BIOTIPO BLANCO (%)	BIOTIPO ROJO (%)
Pudrición por ataque microbiológico	0,3	0,7
Daño mecánico	29	24
Plagas y enfermedades	2,3	3,1

Fuente: Hortyfruta (2008).

Con referencia a la operación de selección, la información experimental permitió establecer que el mayor problema que presentan ambos biotipos es el daño mecánico (tabla 7). Estos resultados concuerdan con lo expuesto por Seminario *et al.*, (2003), quienes afirman que el yacón es más quebradizo y sensible al daño físico que la zanahoria, la yuca y la papa, entre otros vegetales.

Concerniente a la pudrición por ataque microbiológico, no hubo diferencias significativas entre las dos variedades ($p< 0,05$). Se presume que esta alteración fue debida a hongos de los géneros Fusarium y Rhizoctonia, cuyo ataque está relacionado con exceso de humedad (Seminario *et al.,* 2003), ya que los días anteriores a la cosecha, se presentó alta pluviosidad.

Otro parámetro de selección ha sido la presencia de plagas y enfermedades, que fue de 2,3 % para el biotipo blanco, y de 3,1 % para el biotipo rojo. La plaga más representativa fue la chiza, que es la larva de un coleóptero. También para el yacón, los nematodos son la principal causa de pérdida de la producción: viven bajo tierra y además no se ven a simple vista; sin embargo sus daños sí son visibles, y se aprecian como deformaciones de los órganos de la planta, especialmente de las raíces, en las cuales se meten y extraen sus jugos. De esta manera, retardan su crecimiento, deforman completamente las raíces, hacen deficiente la tuberización y debilitan la planta. Cuando el campo está infestado, se puede llegar a perder toda la producción (Arguello, 2015).

Clasificación

La clasificación se hizo por agrupamientos de productos que cumplían con características homogéneas de calidad especificada en una norma o estándar. Esta operación se realizó teniendo en cuenta criterios como: biotipo, peso, tamaño, diámetro y forma. Para esta clasificación, Seminario *et al.* (2003) presentan tres categorías: 1) raíces de primera, debido a que presentan tamaños mayores a 300 gramos de peso y a 20 centímetros de largo, con diámetros entre 7 y 10 centímetros; 2) raíces de segunda, que tienen un peso de 120-300 gramos, 12-20 centímetros de largo y 5-6 centímetros de diámetro; y 3) raíces de tercera, con un peso inferior a 120 gramos, longitud inferior a 12 centímetros y diámetro menor a 5 centímetros.

Para la experimentación se tomó como referencia 78 kilogramos de raíces recién cosechadas, que se clasificaron por biotipos, tamaño, longitud y diámetro, teniendo en cuenta raíces de primera calidad. Respecto a la forma, se consideró si eran fusiformes u ovaladas (fotografías 3 y 4, tabla 8).

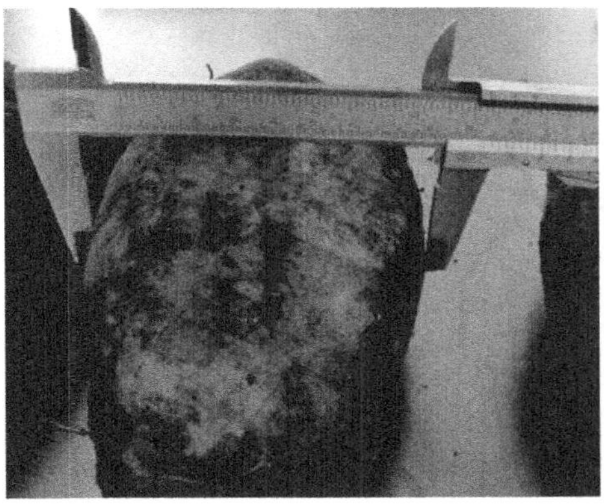

Fotografías 3 y 4. Clasificación de raíces de yacón por peso, diámetro y longitud.

Fuente: los autores.

La tabla 8 muestra que los dos biotipos cumplen con la clasificación de productos de primera calidad. En el peso la sumatoria de las dos variedades reporta 63,4 %. En la clasificación por diámetro 67 % y respecto a la longitud fue de 59 %. El restante de la producción se encuentra entre productos de segunda y tercera. Estos resultados confirman lo reportado por Seminario *et al.*, 2003, quienes informan que una planta produce aproximadamente el 60 % de raíces de primera, 30 % de raíces de segunda y 10 % de tercera. Estos valores varían en función del tamaño del propágulo utilizado durante la siembra, las condiciones del cultivo y la técnica de desgaje (Iica, 2005).

TABLA 8. Clasificación de los dos biotipos por forma, tamaño y diámetro para primera calidad.

CARACTERÍSTICA	ROJO	BLANCO
Biotipo	57 %	43 %
Peso (mayor de 300 g)	34,7	28,7
Diámetro (7 a 10 cm)	29,8	37,2
Longitud (mayor de 20 cm)	26	33
Fusiformes grandes (%)	42	58
Ovalados grandes (%)	54	46
Fusiformes medianos (%)	49	51
Ovalados medianos (%)	70	30
Fusiformes pequeños (%)	57	43
Ovalados pequeños (%)	66	44

Fuente: Seminario *et al.* (2003).

Lavado y desinfección

Se realizó en una máquina de lavado de frutas y hortalizas, ubicada en la planta piloto de la Universidad de La Salle, sede Norte. Su capacidad fue de 50 litros de agua, donde se depositaron 32 kilogramos de raíces tuberosas, a las que se les removió impurezas y tierra (fotografía 5). Posteriormente, se adicionó el desinfectante Timsen (cloruro de alquil 3,4 diclorobencilamonio), con concentración al 1 %, y se dejó actuar durante 5 minutos, con el fin de disminuir su carga microbiana. El total del recorrido en la banda transportadora fue de 7 minutos (fotografía 6), para finalizar con un enjuagado (fotografías 7 y 8).

Secado

Las raíces tuberosas se secaron en un primer momento de forma natural (18-22 °C de temperatura y 70 % de humedad relativa). Se percibió mucha humedad, motivo por el cual se implementó el secado por aire forzado, para eliminar en su totalidad el agua libre de las raíces. Esta operación se realizó por un periodo de 3 horas (fotografías 9 y 10).

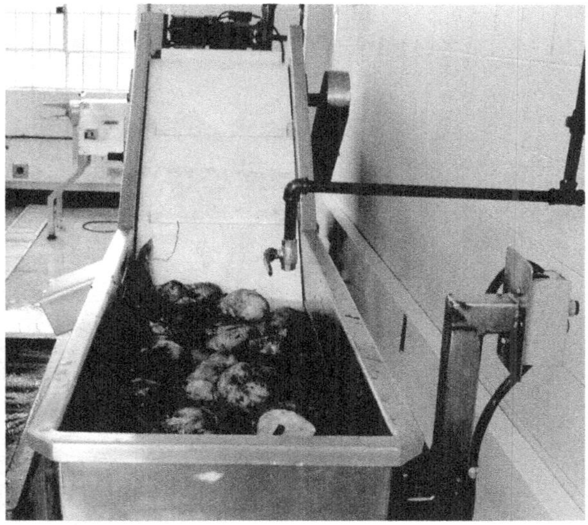

Fotografías 5 y 6. Izquierda: raíces de yacón por banda transportadora. Derecha: raíces de yacón en proceso de desinfección.

Fuente: los autores.

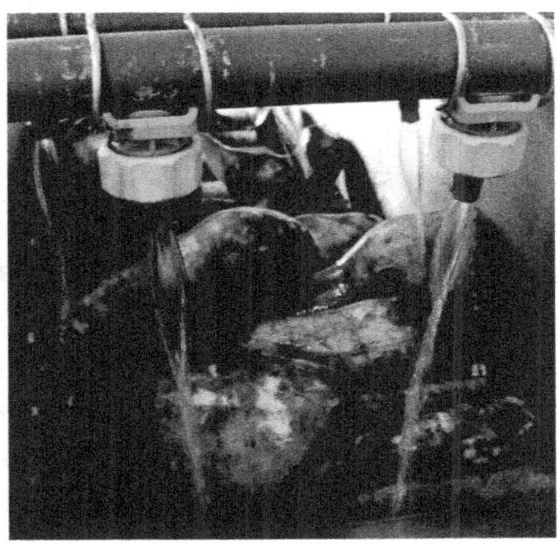

Fotografías 7 y 8. Lavado bajo chorros de agua a presión.

Fuente: los autores.

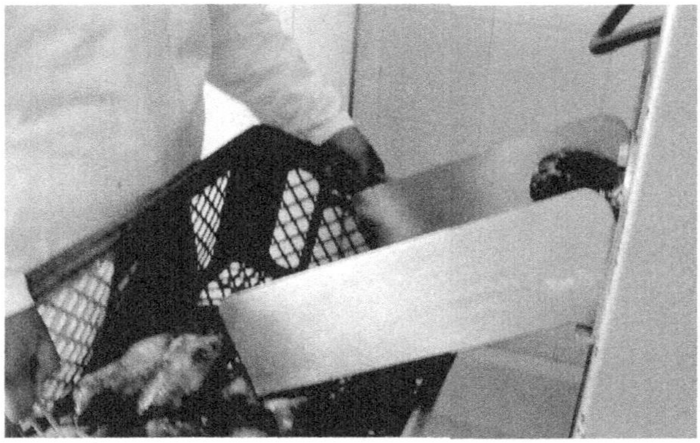

Fotografías 9 y 10. Secado de las raíces.

Fuente: los autores.

Operaciones de encerado y parafinado

Las raíces tuberosas fueron sometidas a operaciones de encerado y parafinado, con el fin de prolongar su vida útil en anaquel, reducir el riesgo de fisuras y, disminuir la oxidación, la pérdida de peso y la reducción de su tasa de respiración, retrasando así el proceso de senescencia.

Encerado

La cera es un componente lipídico que actúa como barrera contra la humedad. Esta propiedad se debe a que los lípidos en estado sólido presentan una estructura cristalina muy compacta, o de alta densidad, que dificulta la difusión del agua, haciéndolos más impermeables.

Existen actualmente dos familias de ceras autorizadas como aditivos alimentarios: las ceras vegetales (carnauba, candelilla, de abejas, de salvado de arroz) y las resinas (colofonia, shellac). Las ventajas de su uso están en el aporte de brillo, como factor atractivo importante para la comercialización, y en el efecto contra ciertas alteraciones patológicas, causadas generalmente por los hongos *Penicillum digitatum y P. italicum* (Gómez, 2011).

Respecto a la parte experimental, las raíces tuberosas de biotipo blanco se colocaron por inmersión en una solución de cera de abeja, con un rango de temperatura de 145 °C y un espesor promedio de 0,63 milímetros de capa de cera homogénea (para evaluar este tratamiento, se siguió la metodología propuesta por Gutiérrez y Vaca, 2011). El tiempo de encerado fue de 16 segundos y de secado, de 45 segundos. El tratamiento se comparó contra un blanco. Los análisis se realizaron en el tiempo: 3, 6, 9, 12, 15, 18 y 21 días. Finalizado el encerado, se almacenaron los productos a temperatura ambiente (18-22 °C) y humedad relativa de 57-72 %. Las variables de respuesta fueron la pérdida de peso e índice de respiración.

Parafinado

El proceso de parafinado tiene como fin retardar los procesos fisiológicos de respiración y transpiración, lo cual se traduce en una vida útil más larga. Estos recubrimientos se caracterizan por mejorar las propiedades mecánicas, debido a que ayudan a mantener la integridad estructural del producto, retienen compuestos volátiles y además pueden contener aditivos alimentarios, como agentes antimicrobianos y antioxidantes, entre otros.

Sánchez y Alonso (citados en Estevão, 2007) exponen en primera instancia la aplicación de capas delgadas de parafina, para disminuir la penetración de oxígeno en los tejidos del tubérculo; a su vez, plantean almacenar las raíces tuberosas a temperaturas bajas, alrededor de 2 °C, debido a que se inhiben enzimas como la polifenoloxidasa y demás, que son responsables de la formación de los pigmentos.

Sotelo y Acevedo (2009) desarrollaron una película de parafina para conservar raíces de yuca, debido a su rápido deterioro fisiológico poscosecha, estimando un tiempo de seguimiento de 21 días, con la finalidad de disminuir pérdidas poscosecha y facilitar su exportación.

Para determinar el comportamiento de estas raíces bajo tratamiento de parafinado, el procedimiento se realizó manualmente por inmersión (biotipo blanco), en fusión de parafina alemana, a una temperatura de 105 °C, con base en los resultados obtenidos en la investigación y metodología propuesta por Gutiérrez y Vaca (2011). Se cubrió totalmente la superficie de las raíces tuberosas, con un espesor promedio de 0,101 milímetros para que el tratamiento fuera homogéneo; el tiempo de inmersión fue de 13 segundos, con secado al aire libre. El comportamiento con la adición de cera se comparó con un blanco y se almacenaron ambas muestras a una temperatura ambiente de 18-22 °C y humedad relativa de 57-72 %. Los análisis se realizaron en el tiempo: 3, 6, 9, 12, 15, 18 y 21 días. Cuidadosamente, se dispusieron distantes una de otra, para que no se adhirieran y formasen grumos de parafina, dañando su presentación (fotografías 11 y 12). Las variables de respuesta fueron la pérdida de peso y tasa de respiración.

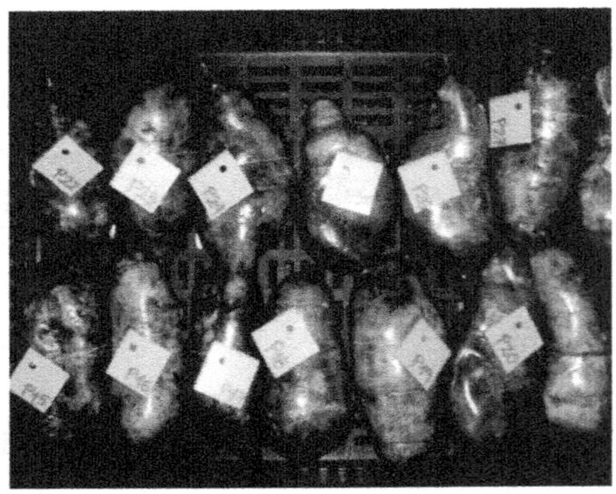

Fotografías 11 y 12. Raíces tuberosas parafinadas.

Fuente: Gutiérrez y Vaca (2011).

Las figuras 7 y 8 muestran los resultados positivos frente a la pérdida de peso y tasa de respiración del yacón con el uso de ceras y parafinas, además de la inexistencia de diferencias significativas entre los dos tratamientos ($p<0,05$). El testigo permitió evaluar la importancia que tienen estas operaciones frente a la retención de humedad o traspiración en el vegetal, ya que en 21 días de almacenamiento la raíces de yacón habían perdido aproximadamente un 28 % de su peso en condiciones de temperatura ambiente (18-22 °C) y humedad relativa del 57-72 %, mientras que los tratamientos de encerado y parafinado, en el mismo tiempo y condiciones, habían perdido alrededor del 6 %, conservando sus características comerciales y nutritivas.

Kader (2002) afirma que la velocidad de deterioro de los productos hortofrutícolas después de cosechados (por ejemplo, pérdida de peso y consistencia o maduración acelerados) está asociada con el manejo que reciben y con las condiciones de almacenamiento, transporte y mercadeo. Desde otro punto de vista, Vásquez y Guerrero (2013) informan que los lípidos ofrecen una barrera contra la humedad, debido a su naturaleza hidrofóbica, lo que reduce la pérdida de agua. Además, mejoran el brillo del producto y lo protegen de la oxidación y el crecimiento microbiano.

Figura 7. Pérdida de peso del yacón con el uso de cera y parafina.

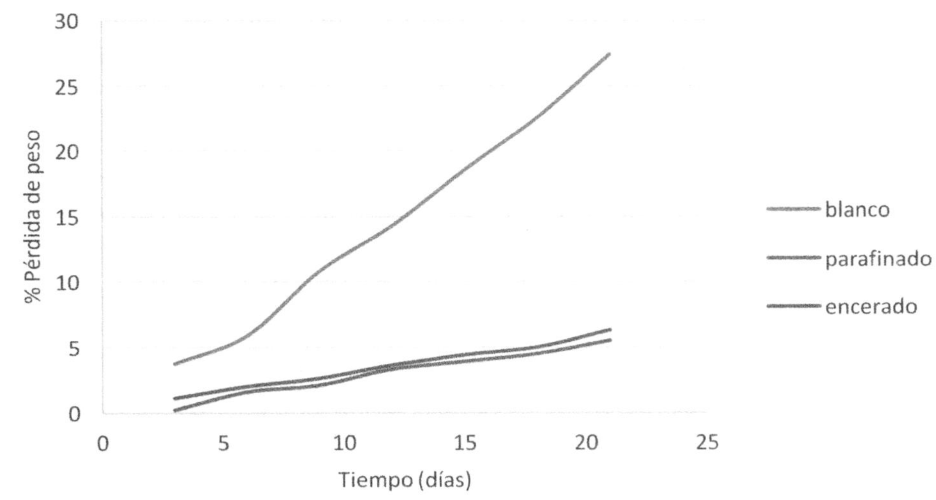

Fuente: elaboración propia con base en Gutiérrez y Vaca (2011).

Otros estudios reportan que la cobertura ideal comestible del fruto debe crear una barrera que pueda retardar las pérdidas de sustancias volátiles deseadas del sabor, así como las del vapor de agua, mientras restringe el intercambio de CO_2 y O_2, originando así una atmósfera modificada (con el CO_2 relativamente elevado y el O_2 reducido) (Baldwin *et al.* 1995).

Otros beneficios de estos tratamientos se reportan en el estudio realizado por Kader (2002), donde se informa que remplazar la cera natural, después de haberla eliminado durante el proceso de lavado, puede actuar como un "transportador" para fungicidas. En cuanto a la piña, se reporta que el encerado del fruto estimula la acumulación de CO_2 hasta de un 5-8%, como tratamiento efectivo en la reducción de síntomas de daño por frío.

Del mismo modo, Salvador, Navarro y Martínez (2007) informan que normalmente se utilizan emulsiones de ceras a las que se añaden soluciones de resinas, como goma-laca, para mejorar el brillo. Las ceras para comercialización directa se formulan con un porcentaje total de sólidos no superior a 18 %, mientras que en las ceras de conservación no se sobrepasa el 10-12 %. La permeabilidad al vapor de agua y los gases CO_2 y O_2 varían según el tipo de cera. Entre los aditivos alimentarios se encuentran la cera de abeja blanca y amarilla (E901).

Respecto al tratamiento de parafina, se pudo observar que al finalizar el día 21 de almacenamiento, no presentó evidencia de ataque microbiano, debido a que esta operación se hizo con el producto limpio, desinfectado y seco, para que no quedaran trazas de humedad que fueran medio de multiplicación de hongos. La temperatura de 105 °C permitió un óptimo proceso de cobertura y solidificación, al adherirse de forma firme y homogénea. Sánchez, Hennessey y Torres (2014) reportan resultados similares referentes a la técnica de parafinado en yuca, con un mejor resultado frente al fenómeno de la transpiración, puesto que el tratamiento reveló una pérdida de agua en forma de vapor —máxima, de 16,20 %, y mínima, de 10,40 %— durante 15 días de almacenamiento.

El comportamiento fisiológico que presenta el yacón ante las coberturas o recubrimientos está relacionado con la ralentización del proceso de respiración (figura 8). Los dos tratamientos tuvieron un efecto directo, permitiendo así alargar la vida útil del producto por más de 20 días, lo que traería ventajas competitivas referentes a su comercialización.

Se determinó que no existen diferencias significativas entre los dos tratamientos ($p<0,05$). El espesor utilizado, de 0,101 milímetros en el parafinado, facilitó un intercambio adecuado de oxígeno y evitó la fermentación, el desarrollo de etanol y malos olores o sabores. Asimismo, Bósquez, Vernon, Pérez y Guerrero (2000) indican que los recubrimientos forman una barrera en la superficie del fruto, modifican la composición gaseosa interna y disminuyen la velocidad de respiración, además de ser una práctica fácil y económica.

Con respecto al blanco (producto no tratado), continuó con su intensidad de respiración en aumento hasta el día 21 de almacenamiento, con 350 mg CO_2/kg/hr, lo cual indica que en el proceso de respiración se utilizó un alto porcentaje de azúcares, que son los principales sustratos respiratorios, y de otros materiales de reserva esenciales, lo que disminuye la vida útil de la raíz.

Figura 8. Intensidad de respiración del yacón con el uso de encerado y parafinado.

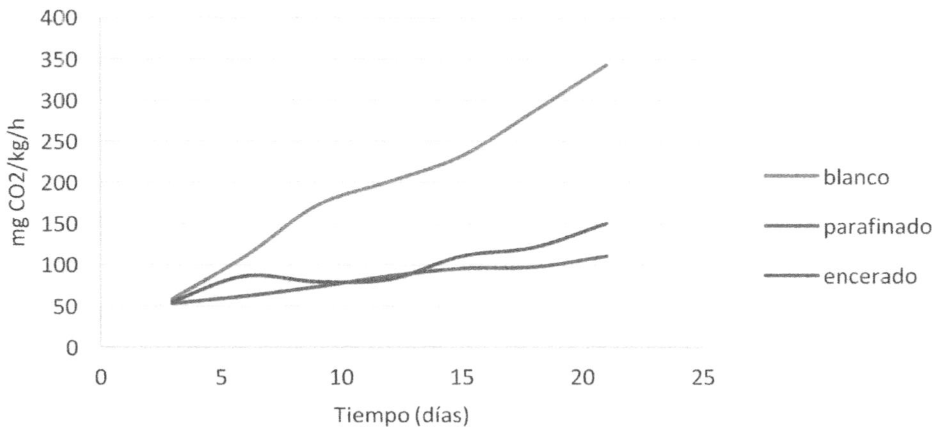

Fuente: elaboración propia con base en Gutiérrez y Vaca (2011).

Envasado y almacenamiento

El envasado es una de las principales tecnologías para reducir o ralentizar el deterioro físico, químico o microbiológico del producto, que tiene lugar, en mayor o menor medida, en las sucesivas manipulaciones a que se ve sometido desde el momento de la recolección hasta su consumo.

Para la elección del envase adecuado, hay que tener en cuenta básicamente sus propiedades de barrera frente a los diferentes gases y vapores, ya que la atmósfera que se genera naturalmente en el envase, tras ser cerrado, es el resultado del balance entre el consumo y la producción de gases por el producto, junto con la difusión de estos a través del material del envase (Catalá, Hernández, López y Gavara, 2009). Los mismos autores reportan que hoy en día se comercializan materiales de plástico con un amplio rango de permeabilidades, siendo los más comunes el polietileno de baja densidad (LDPE), el policloruro de vinilo flexible (PVC), el poliestereno (PS), el polipropileno (PP) y el polietilentereftalato (PET).

Envolturas plásticas

Para la parte experimental se utilizó polietileno de baja densidad y película elástica de polietileno (fotografía 13). Se escogió la envoltura de polietileno de baja densidad (PEBD), debido a que es atóxico, transparente y tiene una buena barrera al vapor de agua, evitando de esta manera la deshidratación de los vegetales. Con este tipo de envase microperforado, se logra crear una atmósfera modificada, dado que se varía espontáneamente la relación O_2-CO_2, con lo cual se reduce la velocidad de respiración (Raimondo y Espejo, 2002). Por su parte, el uso de la película de polietileno elástica se fundamentó en su calidad de plástico transparente, flexible y hecho con resina de polietileno de baja densidad lineal de 20 micrones de espesor, característica que le permite tener una alta resistencia mecánica, bajo espesor y excelentes propiedades ópticas (Plásticos Enres S. A., 2014).

Las raíces del biotipo blanco de cosecha campo abierto se envasaron completamente secas en los dos tipos de envases seleccionados. Los tratamientos se compararon con un blanco. Debido a que el yacón es una raíz tuberosa, cuya perecibilidad depende de variables como la temperatura y la humedad relativa, se determinó almacenar los tratamientos a temperaturas de refrigeración, entre 3 y 5 °C, y humedad relativa, entre 65 y 78 %. Los días de seguimiento fueron: 3, 6, 9, 12, 15, 18 y 21. Las variables de respuesta fueron el porcentaje de pérdida de peso y la tasa de respiración.

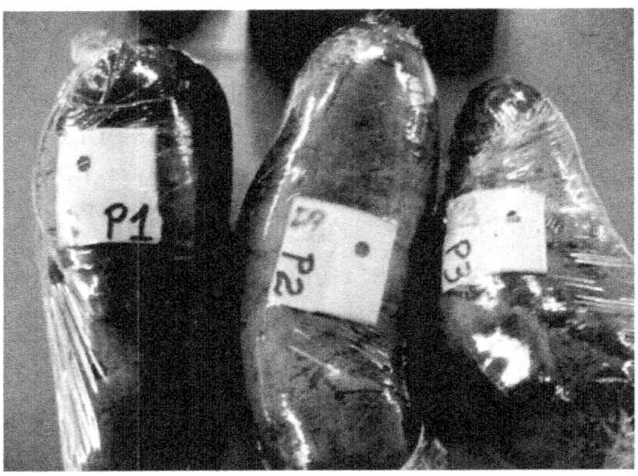

Fotografía 13. Raíces envasadas en polietileno de baja densidad y película de polietileno elástica.

Fuente: Gutiérrez y Vaca, 2011.

En la figura 9 se puede observar una tendencia similar a la variación de peso para cada uno de los tratamientos (envase de polietileno y película de polietileno elástica), y se puede encontrar que no hay diferencias significativas ($p<0,05$) entre los dos tipos de envases utilizados. Los resultados reportan que para el día 21 de almacenamiento se había perdido aproximadamente 4 % de su peso en los dos materiales, mientras que el blanco había perdido 50 % de su peso, mostrando una alta deshidratación. Estos resultados no solo están influenciados por el uso de envases como barrera contra el medio ambiente, sino por el uso de bajas temperaturas de almacenamiento (3-5 °C), puesto que el descenso de temperatura implica la disminución de la tasa de respiración, retardo o prevención del crecimiento microbiano y una reducción de la actividad metabólica y de las pérdidas de humedad (Robertson, 1993).

La mayoría de los plásticos hidrofóbicos utilizados para el envasado de productos frescos son barreras relativamente buenas contra el vapor de agua, capaces de mantener una humedad alta en el interior del paquete, incluso cuando la atmósfera externa es seca. Sin embargo, es un problema que la humedad relativa en el interior del paquete sea demasiado alta, pues se condensa la humedad, lo cual facilita el crecimiento microbiano y, en consecuencia, la podredumbre del producto.

Figura 9. Pérdida de peso del yacón con el uso de dos envases.

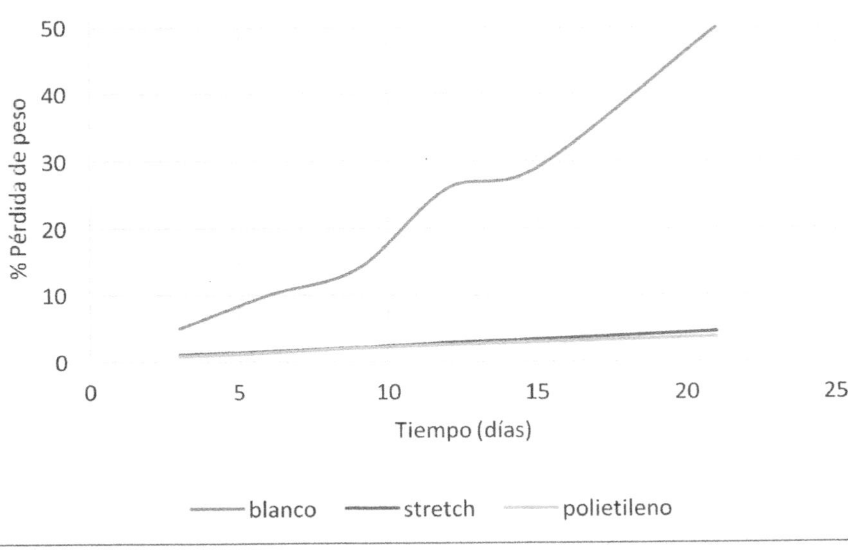

Fuente: elaboración propia con base en Gutiérrez y Vaca (2011).

La condensación sobre la superficie de la película puede tener también un efecto adverso sobre las propiedades de permeabilidad a los gases de ciertas películas, conduciendo a la evolución de una atmósfera desfavorable (anónimo). Lo más adecuado es la utilización de una película semipermeable, que permita alcanzar un equilibrio dinámico de concentraciones entre O_2 y CO_2, características con que cuenta el polietileno de baja densidad, que tiene una humedad de índice de trasmisión de 1,4 g/100 in^2 / 24h /1 mil; trasmisión de gases: para O_2 ,500 cc/ 100 cc/ 100 in^2/ 24h /1 mil y para el CO_2 1350 cc/ 100 cc/ 100 in^2/ 24h /1 mil (Ministerio de Comercio Exterior y Turismo de Perú, 2009).

Respecto a la tasa de respiración, las frutas y hortalizas frescas continúan respirando después de ser cosechadas. Esta variable debe contemplarse en cualquier diseño de envase, uso de este y condiciones de almacenamiento, para así determinar su vida útil. La figura 10 muestra que no hay diferencia significativa entre los dos tratamientos (polietileno y elástico), porque ambos ralentizan los procesos fisiológicos, en este caso, la tasa de respiración.

Los resultados obtenidos permiten determinar que la vida útil del yacón se extiende gracias a una serie de condiciones: suficientes barreras contra el oxígeno, bajas temperaturas de almacenamiento (al disminuir la temperatura a 10 °C, las reacciones enzimáticas, fisiológicas y microbiológicas se reducen 2 o 3 veces) y una adecuada permeabilidad de los materiales utilizados (para conseguir un equilibrio en el intercambio gaseoso).

FIGURA 10. Tasa de respiración del yacón con el uso de dos tipos de envases.

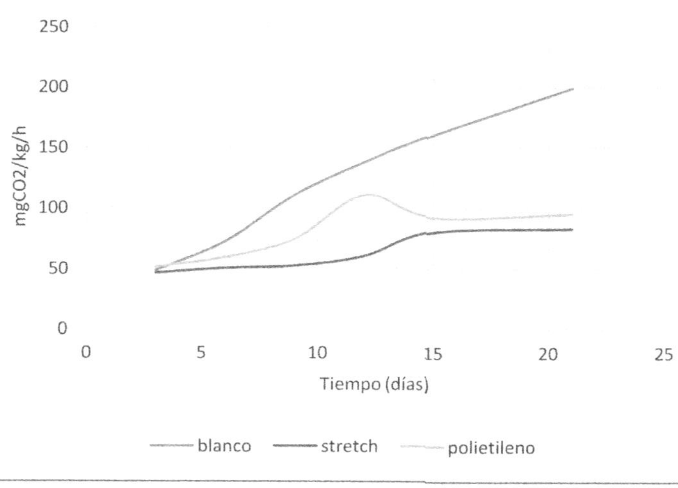

Fuente: elaboración propia con base en Gutiérrez y Vaca (2011).

Obtención de productos derivados del yacón

Una de las formas más sencillas y económicas para el aprovechamiento de las hojas de yacón es su aplicación en infusiones. Para este efecto, se procede a la deshidratación o secado de las hojas al aire, previo lavado. Estas hojas se ensartan en cuerdas o pitas, y luego se cuelgan al aire, bajo un cobertizo o ambiente techado, con suficiente aireación y alejadas del polvo y otros agentes contaminantes (fotografía 14). Después de aproximadamente 7 a 10 días, se recogen cuidadosamente las hojas ya deshidratadas, y se colocan en recipientes cerrados, para evitar la intromisión de la humedad ambiental.

Fotografía 14. Hojas de yacón, lavadas y colgadas para su desecación al ambiente.

Fuente: los autores.

Elaboración de miel casera de yacón

Otra forma de utilizar el yacón, por sus efectos endulcorantes y los beneficios de sus fructooligosacáridos, es en forma de miel. Esta es fácil de preparar domésticamente. Para su elaboración se requieren raíces sanas y de reciente cosecha. Estas se lavan previamente con agua corriente, luego se cortan en trozos y se pasan a través de un procesador de jugos. Al líquido obtenido se le exprime uno o dos limones, según sea el volumen. Luego, esa mezcla se lleva en una olla al fuego, hasta conseguir la evaporación del agua. La miel resultante se dispone en frascos de vidrio previamente esterilizados (fotografías 15-17).

Fotografías 15-17. Preparación casera de miel de yacón.

Fuente: los autores.

Consumo en estado fresco

Las raíces reservantes del yacón pueden formar parte de cualquier barra de ensaladas en un restaurante; en estado fresco, pueden emplearse en la preparación de ensaladas, mezcladas con remolacha, pepinillo, lechugas, brócoli, entre otras. Asimismo, en ensaladas de frutas, combinadas con banano, papaya, uvas, entre otras (fotografías 18-20).

Fotografías 18-20. Platos de ensalada con inclusión de rodajas de yacón.

Fuente: los autores.

Extracción de inulina

Aguillón y Valderrama (2013) realizaron un interesante trabajo sobre extracción y cuantificación del contenido de inulina a partir de dos biotipos de yacón (blanco y rojo, cultivados en el campus de la Universidad de La Salle, para su aprovechamiento industrial). Las raíces tuberosas se sometieron a operaciones de pelado, trituración, filtración, evaporación, liofilización y molido, con variables establecidas en la preexperimentación, con el fin de cuantificar la inulina obtenida, expresada su pureza en concentración de fructosa. El proceso de extracción de inulina se llevó a cabo, según se muestra en la figura 11.

FIGURA 11. Obtención de inulina a partir de yacón.

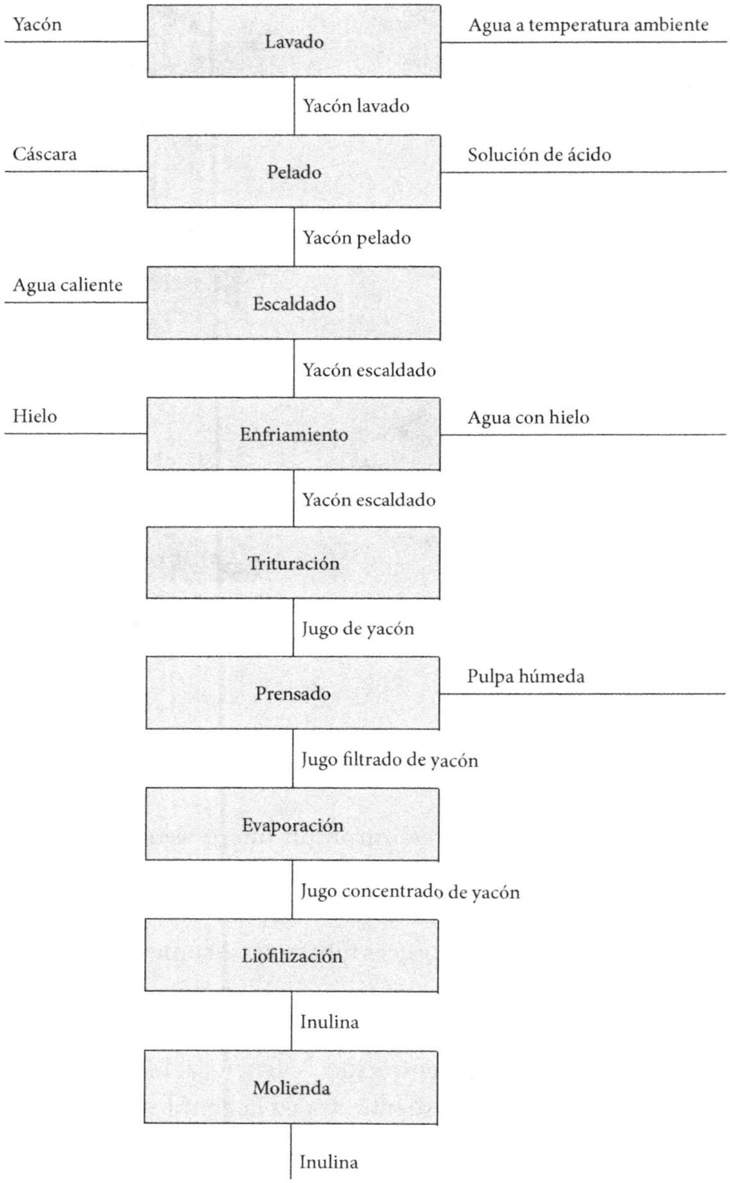

Fuente: Aguillón y Valderrama (2013).

Descripción de las operaciones

- *Lavado.* Con agua a temperatura ambiente (20 °C), se retiró la tierra de cada raíz de yacón después de su cosecha. Posteriormente, se trasladó en canastillas a la planta piloto de frutas y hortalizas. La desinfección se realizó con una solución de hipoclorito de sodio, al 0,02 %, para eliminar los microorganismos presentes en las raíces.
- *Pelado.* Luego se pelaron las raíces manualmente, por medio de peladores y cuchillos, y se sumergieron en la solución del ácido establecido en la preexperimentación.
- *Escaldado.* Este tratamiento se llevó a cabo con base en las condiciones fijadas en la preexperimentación, la variación del tiempo que controló la reacción enzimática de la polifenoloxidasa y la prueba de catecol, mencionada en la preexperimentación. Posteriormente, se realizó un enfriamiento con agua a 20 °C y adición de hielo. Esta operación se efectuó en recipientes metálicos sobre una estufa industrial marca Joserrago®, ubicada en la planta piloto de frutas y hortalizas.
- *Trituración.* Inicialmente se cortaron las raíces para facilitar la operación de trituración en un procesador marca Javar®. El yacón triturado se almacenó en recipientes de plástico para su posterior proceso.
- *Prensado.* Esta operación se efectuó de forma manual a través de presión, y se estableció la fuerza ejercida mediante pruebas de compresión uniaxial para obtener el jugo de yacón.
- *Evaporación.* Esta operación se realizó en un evaporador al vacío marca JJ Industrial®, donde se introdujo el jugo de yacón y se concentró a las condiciones establecidas. Durante el proceso se realizaron tomas de °Brix cada 20 minutos, para controlar la concentración del jugo de yacón.
- *Liofilización.* Las muestras concentradas fueron congeladas a -40 °C, antes de colocarlas en el liofilizador marca Thermo Electron Corporation®, donde permanecieron a la temperatura y a la presión establecidas en la preexperimentación. Las muestras liofilizadas se colocaron en bolsas de cierre ZipLock® y se dejaron a temperatura ambiente durante 12 horas, en un cuarto sin luz (fotografía 21).

Fotografía 21. Inulina liofilizada de los dos biotipos estudiados.

Fuente: Aguillón y Valderrama, 2013.

- *Molienda*. Las muestras liofilizadas se molieron en la planta piloto de cereales, en el molino de pines marca Molinos Pulverizadores®, con una malla de 1 milímetro de diámetro. Al obtener las muestras molidas, se procedió a realizar la cuantificación de la inulina.

Después de las tres extracciones, se realizaron balances de materia para los dos biotipos de yacón y se calculó el porcentaje de pérdidas de materiales y porcentaje de rendimientos de extracción, para determinar con cuál biotipo se obtiene más inulina a escala de planta piloto. Para ello, se cuantificó la cantidad de inulina mediante el método de Park-Johnson y se realizó una comparación estadística con los resultados hallados, para seleccionar el biotipo con mayor rendimiento para el dimensionamiento posterior de equipos.

Durante el proceso de extracción de inulina de ambos biotipos, el biotipo blanco presentó un mejor comportamiento: menor contenido de cáscara, mayor contenido de pulpa y menores pérdidas durante el proceso. El biotipo rojo, por su parte, presentó mayor cantidad de cáscara, porcentajes mayores de pérdidas y un rendimiento menor de producto obtenido.

Inicialmente, el contenido de inulina en los biotipos de yacón sin procesar varió, pues el yacón blanco tuvo un contenido del 13,29 % y el yacón rojo, de 11,98 %. Las pérdidas aproximadas de inulina durante el procesamiento fueron de 1,6 %, para el yacón blanco, y de 3,41 %, para el yacón rojo.

Estas pérdidas se presentaron durante el escaldado, debido a la descomposición de azúcares, carbohidratos, vitaminas y carotenos. Además, la variación del contenido de inulina en el yacón recién cosechado y en el yacón procesado se asoció a la variación del pH que ocurrió durante el procesamiento, como lo reportaron Manrique, Párraga y Hermann (2005a), quienes explicaron que la velocidad de conversión de los FOS aumenta en medios acidificados, y alrededor del pH de 4, el 25 % de los FOS se convierte en azúcares simples.

El dimensionamiento de equipos de la extracción de inulina a partir del yacón biotipo blanco se propuso para una capacidad de 40.000 kilogramos por semana, y de 8000 kilogramos por día, con los siguientes equipos (con capacidad de 1000 kilogramos por hora): tanque de lavado, peladora compacta por abrasión, escaldador industrial, extractor de jugo industrial, evaporador al vacío y un secador por atomización (*spray dryer*), con capacidad de 637 litros por hora.

Capítulo 4. Utilización potencial del yacón en producción animal

La producción de forraje en la zona andina

En la producción animal, la ganadería bovina es una de las actividades que ocupa en mayor proporción el uso del suelo en América Latina y el Caribe, y se ha caracterizado por la presentación de bajos niveles de productividad y rentabilidad (Organización de las Naciones Unidas para la Alimentación y la Agricultura, 2008). Adicionalmente, la expansión de la frontera ganadera ha generado efectos ambientales negativos, como erosión de suelos, compactación, disminución de la biodiversidad vegetal y contaminación del agua y de los suelos por el uso de plaguicidas, y las emisiones de gases al ambiente (Bernal y Suárez, 2011).

En Colombia, de acuerdo con lo reportado en los resultados de la Encuesta Nacional Agropecuaria (ENA) 2009, el área total de uso del suelo es de 114.174.800 hectáreas. El 45 % (50.941.744 hectáreas) de aquellas está dedicado a las actividades del sector agropecuario, de las cuales el 77 % (39.196.059 hectáreas) son destinadas a la actividad pecuaria. Teniendo en cuenta que la mayoría de sistemas de producción pecuarios no utiliza grandes extensiones de tierra para el desarrollo de sus actividades, se puede intuir que una gran proporción de estas tierras está dedicada al cultivo de pastos y forrajes como sustento principal de la actividad bovina.

La producción de pastos y forrajes que se encuentra ubicada en esas 39.196.059 hectáreas de Colombia está distribuida así: el 81 %, que corresponde a 31.631.064 hectáreas, se encuentran cultivado en pastos, y el restante 19 %, correspondiente a 7.564.996 hectáreas, estaría cubierto de malezas y rastrojos (ENA, 2009).

Es de destacar que estas cifras discrepan de los reportes que hace el Instituto Geográfico Agustín Codazzi (Fedegán, 2010) sobre el uso potencial del suelo, pues indican que de los 31 millones de hectáreas utilizadas para el cultivo de pastos destinados a la alimentación de la ganadería bovina, solo son aptas para el desarrollo de esta actividad 19,3 millones de hectáreas, lo que genera una sobre utilización de 11,7 millones de hectáreas, y eso sin contar los 7 millones de hectáreas que se encuentran en rastrojos y malezas, que también son atribuidos a la actividad ganadera (Bernal y Suárez, 2011).

Según la ENA (2009), la distribución de la población bovina colombiana es la siguiente: 70 % para ganadería de carne, 28 % para ganadería de doble propósito y 2 % para ganadería de leche. Si bien los bovinos deben tener el pasto como base de su alimentación, se hace necesaria la implementación de sistemas sostenibles de producción, que optimicen la producción de forrajes y contribuyan a disminuir los costos de producción por unidad de área (Bernal, 2009).

De acuerdo con Bernal y Suárez (2011), la producción de pastos y forrajes en el trópico colombiano, como fuente principal de alimentación, ha permitido generar proteína de origen animal, como carne y leche, para tratar de satisfacer las necesidades humanas. No obstante, los parámetros productivos que caracterizan la producción bovina en Colombia, de acuerdo con Fedegán (2010), para un sacrificio de 4.180.000 cabezas, la producción de carne por año es de 906.000 toneladas, y la producción anual de leche, de 6538 millones de litros (4,8 litros/vaca/día [ENA, 2009]). En términos de consumo per cápita de carne, las cifras corresponden a 17,3 Kg/persona/año, y de leche, a 143 litros/persona/año (Fedegán, 2010).

Estas cifras de la ganadería bovina hacen pensar, y de manera específica en la zona Andina, propio del llamado "trópico alto", la necesidad de buscar alternativas vegetales para la alimentación animal, con miras a disminuir los costos derivados de la utilización del concentrado comercial —a veces en forma indiscriminada—, lo que se traduce en un alto costo de producción de leche, además de los problemas de orden metabólico que se pueden llegar a presentar en los bovinos, cuando el uso de forrajes y concentrado es desbalanceado.

Uno de los principales problemas de la ganadería bovina de leche, en términos nutricionales, es la energía y la disponibilidad de biomasa en el tiempo, la cual se ve afectada por las heladas. La mayoría de los forrajes, que normalmente se emplean en el trópico alto, se caracterizan por tener un contenido elevado de proteína, pero desafortunadamente, aparte de la utilización de los concentrados comerciales de energía y proteína, y el suministro de ensilajes de maíz para favorecer parte de los aportes energéticos, no existen muchas opciones de este tipo —o que sean una buena combinación de estos dos elementos—; por eso surge la necesidad de que los zootecnistas busquen alternativas de alimentación que puedan ser fuente de energía o proteína. Esta sería una opción fácil de utilizar, de bajo costo, y en la medida en que pueda ser una fuente disponible a lo largo del año, el panorama de la ganadería bovina de trópico alto podría mejorar.

Si bien existe disponibilidad de biomasa, esta se ve afectada por fenómenos como el niño, la niña y las heladas; lo cual hace que tanto la productividad por animal como la rentabilidad del sistema disminuyan.

Colombia posee una gran variedad de especies vegetales, pero aún desconocidas en su mayoría; no se dispone de información agronómica, ni de tolerancia a condiciones extremas de suelo y clima, o caracterización bromatológica o fitoquímica, de donde se pueda tener información de la presencia de metabolitos secundarios para los ecotipos que se han desarrollado en esta zona.

Por otro lado, el uso de concentrados comerciales para alimentación de animales es una opción poco factible, debido a sus altos costos, pues para el caso específico de la ganadería de leche, el costo de alimentación derivado de esta fuente alcanza el 37 % de los costos de producción (Fedegán, 2010), y es por esto que se hace necesario buscar nuevas alternativas económicas que disminuyan los costos de producción y que suplan de manera eficiente el uso de concentrados.

Materias primas no convencionales, como la planta de yacón, aparte de tener una buena disponibilidad anual, poseen cualidades nutricionales y pueden ayudar a mejorar los rendimientos productivos de los animales, con un bajo costo de producción. De esta manera, el yacón se convierte en una alternativa de utilización por parte de los productores, para ser implementada al interior de los sistemas de producción en Colombia, y con ello buscar eficiencia, rentabilidad y calidad.

Si bien esta especie vegetal está más destinada a un uso como planta medicinal en humanos, mientras se constituye como parte de la dieta de poblaciones indígenas que viven en las montañas de los Andes (Simonovska, Vovk, Andrensek, Valentová y Ulrichová, 2003), esto no significa que sus diferentes partes no puedan tener una opción interesante de utilización en producción animal, lo que amerita realizar investigaciones en este campo del conocimiento.

Como un aporte al campo de la producción animal, en este capítulo se evidencian algunos avances que se han desarrollado con las hojas de esta especie vegetal, en términos de calidad nutricional, y algunos efectos que se observaron cuando se empleó en la alimentación de conejos, en la fase de levante.

Antecedentes de la utilización de yacón en producción animal

La historia del yacón en el planeta se remonta a la era de los incas, donde se representa su presencia en textiles y cerámicas encontradas en las ruinas de Nazca, hacia el 500-1200 a. C. Luego, aparece reportado en la lista de los 55 cultivos nativos más importantes de los Andes, hacia 1615, como un cultivo de subsistencia, importante en las festividades religiosas para los pobladores de la Región Andina (Ojansivu, Ferreira y Salminen, 2011). En el Perú se reporta el uso de yacón para la elaboración de jugo, mermelada, té, jarabes y dulces, y como aderezo para preparar pescado (Seminario, Valderrama y Manrique, 2003; Jáuregui, 2009).

Del yacón se han reportado trabajos iniciales con ratas, donde se han probado sus efectos benéficos para disminuir o controlar la diabetes (Barbosa de Oliveira *et al.*, 2011). Existe un reporte de utilización por parte de Koike *et al.* (2009), quienes encontraron que al emplear tanto las hojas como las cepas de las raíces en ensilajes, se obtuvo una buena fermentación en un periodo de cuatro semanas, y con ello, que la digestibilidad de la materia seca usada en cerdos fue de 66,7%.

Orozco *et al.* (2011) emplearon nueve cabras adultas de raza criolla, a las cuales se les retiró el concentrado comercial y se les remplazó por un suplemento a base de 40 kilogramos de yacón y 5 kilogramos de torta de soya, el cual se les suministró dos veces al día durante un mes. El trabajo demostró una invariabilidad en la producción de leche (2,3 lt/cabra/día), lo que permite plantear que esta especie vegetal podría constituirse en una alternativa de utilización para los pequeños productores. Asimismo, se reporta un trabajo realizado por los autores (inédito), que evalúa el efecto de la utilización de yacón en la fermentación, cuando es ensilado y mezclado con subproductos como la cascarilla de cacao.

Finalmente, aparece un trabajo realizado por Ramírez y Molano (2011), donde se evalúa la utilización del forraje de yacón y sauco en conejos Nueva Zelanda, para predecir sus efectos sobre los parámetros de producción animal que más adelante se explicarán.

Algunos avances en calidad nutricional

El estudio de Bernal (2011 y 2011a) encontró que la solubilidad de la hojas de yacón es 14% más alta que las de la especie Moringa, mientras que la capacidad buferante y de retención de agua no presentan diferencias significativas entre ambas especies. En términos de la calidad nutricional, otro estudio realizado por Bernal, Ramírez y Molano (2011) con las hojas del yacón reportó su composición bromatológica e indicó valores de proteína bruta de 11,37 % y 17.12 %, respectivamente (tabla 1).

Tabla 1. Composición bromatológica de las hojas de yacón.

Determinación	Materia seca (%)
Materia seca	17,7
Proteína cruda	1,1
Fibra en detergente neutro (FDN)	36,8
Fibra en detergente ácido (FDA)	26,4
Lignina	5,96
Digestibilidad *in vitro* de la materia seca (DIVMS)	57,6
Nutrientes digestibles totales (TDN)	69,47
Energía neta lactancia (Mcal/kg)	1,5
Energía neta de mantenimiento (Mcal/kg)	1,7
Energía neta de ganancia (Mcal/kg)	1,0

Fuente: elaboración propia con base en información obtenida por Laila Bernal.

Según análisis químicos de las hojas y tallos en Italia, los resultados indican valores de proteína bruta de 11,37 % y 17,12 %, respectivamente. El potencial del yacón como forraje radica en su contenido (seco) de 11-17 % de proteína, 2-7 % de grasa y 38-41 % de extracto libre de nitrógeno. Los sacáridos, como los oligofructanos, comprenden el 70-80 % del peso seco de la planta (Havrland & Dudjak, 2004), cuyo follaje crece adecuadamente bien. Sin embargo, el estudio señala que algunos clones de yacón pueden contener lactonas sesquiterpénicas en las hojas, lo cual limitaría su uso como alimento forrajero (aunque estas lactonas sesquiterpénicas tienen uso en etnoveterinaria como antidiarreico y antimicrobiano [Universidad Nacional Agraria la Molina, 2010]).

Caracterización fitoquímica del yacón

Aunque en Colombia no se han analizado muestras de yacón que den cuenta de la presencia o no de metabolitos secundarios, a continuación se reporta lo que en otros lugares se ha encontrado en cuanto a caracterización fitoquímica de hojas y raíces reservantes. Del yacón, tanto su parte foliar como radicular han sido estudiadas como caracterización fitoquímica inicial, para lo cual se conoce el estudio de Simonovska *et al.* (2003) sobre la presencia de ácidos fenólicos presentes. En así que en las hojas se detectó ácido felúrico, isómeros de ácido decafeolquínico y derivados del ácido clorégenico, y en la raíz tuberosa del yacón, ácido felúrico. Si bien se encontraron otros derivados, estos no se han identificado.

Se ha reportado: la utilización de los extractos de las hojas de yacón para la preparación de té; actividad antimicótica, relacionada con la presencia de aceites esenciales en cada parte de la planta (Inoue *et al.*, 1995), y la presencia de algunos compuestos antimicóticos y pesticidas, que han sugerido que no es necesario utilizar plaguicidas en el cultivo del yacón (Simonovska *et al.*, 2003).

También se reporta una interesante actividad antioxidante (Simonovska *et al.*, 2003). En las hojas de yacón también se ha demostrado la presencia de lactonas sesquiterpénicas (Schorr *et al.*, 2007), flavonoides (Xie *et al.*, 2008) y compuestos fenólicos, los cuales tienen una alta relación con los ácidos clorogénicos, como derivados o componentes, con los ácidos clorogénicos (Valentová *et al.*, 2005). Asimismo, se reportan propiedades prebióticas, antidiabéticas, antioxidativas y antimicrobiales (Arnao, Seminario, Cisneros y Trabucco, 2011; Ojansivu *et al.*, 2011). Forville, Souza y Ellendersen (2014) cuantificaron el extracto de las hojas de yacón y sus flores, como aparece en la tabla 2.

TABLA 2. Composición fitoquímica de las hojas y flores del yacón.

COMPUESTO	HOJAS DE YACÓN	FLORES DE YACÓN
Fenoles totales	42,20 mg EGA/g MS	21,75 mg/g MS
Flavonoides	39,71 mg EGA/g MS	15,03 mg/g MS
Ácido gálico	1,97 mg/g MS	1,36 mg/g MS
Rutino	2,81 mg/g MS	0,90 mg/ g MS
Miricetina	1,34 mg/g MS	16,09 mg/ g MS

Fuente: Forville, Souza y Ellendersen (2014).

El estudio de Barbosa de Oliveira *et al.* (2011) revela que la ingesta del extracto de hojas de yacón en ratas causó toxicidad a escala del riñón. Los severos daños que se observaron en la dosis de 100 mg/kg y el análisis histológico que fue practicado a los animales que murieron confirmaron la intoxicación. Este daño renal estuvo asociado con un incremento en los niveles de glucosa, después de una administración prolongada del extracto acuoso, que fue preparado como una infusión de té.

El yacón es considerado por Ojansivu *et al.* (2011) como una fuente abundante de fructooligosacáridos (FOS), los cuales se les ha considerado como de efecto o actividad prebiótica, ya que son fermentados por un gran número de bifidobacterias, entre las que se pueden mencionar las acidolácticas, como las del grupo de lactobacilos.

El mismo autor reporta que se han aislado, tanto de las hojas como de las raíces del yacón, compuestos a los cuales se les atribuyen efectos benéficos, como el L-tryptófano (un aminoácido esencial para los animales y precursor de la melatonina y serotonina), ésteres de ácido caféico y aceites esenciales como β-pinene, cariofileno y ɣ cadinene entre otros, que se encuentran, en mayor concentración, en la raíz.

Arnao *et al.* (2011) reportan que el contenido de fenoles totales en la raíz es de 217,5 a 352,4 ug EAG/mL; en las hojas, de 7,7 a 22,7 mg EAG/g; y los flavonoides, de 2,2 a 4,4 mg EQ/g en las hojas de yacón. Varios de estos compuestos tienen una actividad fungicida y antioxidante, por lo que es factible esperar el desarrollo futuro de bioinsecticidas y nuevos productos de la industria farmacológica (Seminario *et al.*, 2003).

De acuerdo con Hermann y Heller (1997), vinculados al proyecto para las Raíces de los Andes, en el Centro Internacional de la Papa, con sede en Lima, el yacón "es un alimento dietético [respaldado por su bajo contenido calórico] y también antidiabético". Hay evidencias para considerar los FOS y la inulina como alimentos funcionales: son resistentes a la digestión, pero fermentados por la microflora del colon, lo que conlleva al desarrollo de las funciones colónicas (especialmente el aumento fecal); también tienen efectos fisiológicos sistémicos, estimulan selectivamente el crecimiento de bífidobacterias en el colon, lo que permite clasificarlos como probióticos.

El yacón es escaso en proteínas y grasas, pero contiene antioxidantes y grandes cantidades de potasio. Protege contra el cáncer, evita la osteoporosis, ayuda a la absorción del calcio y de las vitaminas en el cuerpo, y no aumenta las concentraciones de glucosa, es decir, evita un problema para los diabéticos.

Por otro lado, la inulina y los FOS son importantes en la prevención de algunas enfermedades, como la constipación, debido al volumen fecal y a la movilidad intestinal; detención de diarreas, debida al efecto inhibitorio de las bífidobacterias sobre las bacterias patógenas, gram positivas y gram negativas; reducción de riesgos de osteoporosis, debido a un incremento en la biodisponibilidad del calcio; reducción de los riesgos de arteriosclerosis cardiovascular, especialmente la asociada con la hipertrigliceridemia y resistencia a la insulina, relacionadas con dietas hipercalóricas; y reducción de los riesgos de cáncer de colon. Sin embargo, se requieren más investigaciones que confirmen estas afirmaciones (Universidad Nacional Agraria La Molina, 2010).

Las hojas de yacón han sido comúnmente empleadas como infusión, para evaluar el efecto hipoglicemiante de su extracto acuoso en pacientes con diabetes mellitus tipo 2, como el adelantado por Gordillo *et al.* (2012), quiénes reportan la disminución de la glucosa en un 42,7 %, la hemoglobina glicosilada, en 21,7 %, y la fructosamina, en un 33,78 %, lo cual se traduce en un efecto protector beneficioso sobre el control glucémico.

El estudio de Baroni, Suzuki-Kemmelmeier, Caparroz-Assef, Nakamura y Bersani-Amado (2008) realizado con ratas con diabetes, reporta que el suministro vía oral, del extracto hidroetanólico de las hojas de yacón (400 mg/kg) durante 14 días, reduce significativamente los niveles de glucosa en ratas diabéticas.

De igual forma, Aguilar y Bonilla (2009) encontraron que los flavonoides presentes en la hoja de yacón (como 5,7-dihidroxi-4'-metoxiflavonol, 5,7,3' -trihidroxi-4'-metoxiflavonol, 5-hidroxi- 4'-metoxi-7-O-glicosilflavona y 7,4' -dihidroxi-3,5'-dimetoxiflavona), demostraron tener una actividad antioxidante semejante a la rutina, quercetina y vitamina C, al ser suministrados a ratones albinos en concentraciones de 30 µg, 150 µg y 300 µg, tienen también una actividad inmunológica y no mostraron toxicidad en dichas dosis.

En un estudio reciente de Baroni *et al.* (2016), se empleó el extracto hidroetanólico de yacón, en una dosis de 400 mg/kg/d durante 14 días, y con inyección intraperitoneal (160 mg/kg) de streptozotocina, para inducir la hiperglicemia en ratas recién nacidas, donde efectivamente se comprueba que el uso de este extracto logra reducir los niveles de hiperglicemia, por la sensibilidad de la insulina a los constituyentes fitoquimicos presentes en las hojas de yacón.

El yacón tambien se ha empleado en combinación con otros aditivos alimenticios, como la silimarina. Se ha observado que el empleo de silmarina con yacón (0,8+2,4 g/d) en pacientes humanos con síndrome metabólico parece ser prometedor como nutraceútico, en la prevención de enfermedades con perfil lipoproteínico proaterogénico y en la esteatosis hepática (Valentova, Stejskal, Dvorackova, Kren y Ulrichova, 2008).

En cerdos, se ha evaluado el uso de los fructoligosacáridos del yacón para promover el crecimiento de bifidobacteria y lactobacillos, lo que ha dado como resultado altos niveles de ácidos grasos de cadena corta, y con ello, un mejoramiento de la densidad celular y la formación de las critas del tejido a escala del ciego, lo cual indica la posibilidad de generar beneficios en la salud del animal (Campos *et al.*, 2012).

Finalmente, existen algunos avances en el tema del cáncer, sobre el uso de las lactona sesquiterpena polimatina B, derivadas del yacón, en la inducción de diferentes mecanismos para generar la muerte de las células cancerígenas y evitar así su reproducción a escala del páncreas y la leucemia, como lo reporta el estudio de Ford *et al.* (2015).

Uso del yacón en la producción animal

Si bien en Colombia la identificación, el conocimiento y la utilización de esta especie vegetal en el campo de la producción animal son casi inexistentes, se encuentran trabajos que de manera incipiente se han realizado con miras a explorar las ventajas que esta especie podría suministrar.

Teniendo como punto de partida que el yacón es una especie con un gran potencial de uso en la alimentación animal, es de resaltar que se han hecho algunas aproximaciones sobre palatabilidad o pruebas de cafetería con cabras, pero no se tienen datos sobre variables zootécnicas probadas en otras especies animales. Es por ello que a continuación se describe un avance del trabajo que fue adelantado en 2011 con conejos.

Ramírez *et al.* (2011) llevaron a cabo un experimento en el municipio de Cogua, cuyo principal objetivo fue evaluar el efecto de la utilización del forraje de yacón, con una inclusión del 20 % en la dieta de los conejos sobre los parámetros productivos y composición de la carne en fase de levante de la raza Nueva Zelanda (fotografía 1). El objetivo fue plantear una alternativa de alimentación que disminuyera los costos de producción de carne de conejo, manteniendo los parámetros productivos.

Fotografía 1. Estudiantes Daniel Molano y Andrés Ramírez en proceso de extracción de hojas para alimentación en conejos.

Fuente: los autores.

Los conejos que consumieron el concentrado comercial y el 20 % de yacón evidenciaron los resultados que aparecen en la tabla 3:

TABLA 3. Parámetros productivos en conejos con la alimentación de hojas de yacón.

TRATAMIENTO	CONSUMO TOTAL (GR)	PESO FINAL (GR)	GANANCIA PESO (GR)	CONVERSIÓN
Hojas de yacón al 20%	3209,66	1692,00	957,67	1,9

Fuente: elaboración propia con base en la investigación realizada por Ramírez *et al.* (2011).

Estas variables evidencian que la utilización de hojas de yacón genera unos parámetros productivos interesantes, que si bien son cercanos a los animales alimentados con concentrado comercial, los costos de alimentación hacen la diferencia, por tratarse de un forraje. En la tabla 4 se observa el peso vivo y el rendimiento de la canal de los conejos alimentados con la inclusión del 20 % de yacón.

TABLA 4. Peso, rendimiento y calidad composicional de la canal de conejos alimentados con el 20% de inclusión de yacón.

DIETA	PESO VIVO (GR)	CANAL (GR)	RENDIMIENTO EN CANAL (%)	MATERIA SECA (%)	PROTEÍNA CRUDA (%)	EXTRACTO ETÉREO (%)
Yacón	1797,00	747,50	41,62	24,55	19,84	2,95

Fuente: elaboración propia con base en Ramírez *et al.* 2011.

La tabla 4 deja ver claramente que los resultados de rendimiento de canal son semejantes entre los animales alimentados con yacón y los alimentados con concentrado. Pero la gran ventaja que presenta la utilización del yacón es que las canales de estos conejos poseen menor contenido de extracto etéreo que los alimentados con el concentrado, lo cual plantea que el uso de las hojas del yacón permite tener canales más magras, aptas para el consumo humano y de gran aporte a una dieta rica en proteína y saludable.

De acuerdo con Ramírez *et al.* (2011), la utilización de las hojas de yacón puede representar una relación costo-beneficio de 1,73, más alta que para los conejos que fueron alimentados solo con concentrado, con una producción para la fase de levante de aproximadamente 10,15 kilogramos por conejo, superior a lo que se reportó para los conejos alimentados con concentrado. Estos resultados permiten dilucidar que el yacón se puede considerar una especie alternativa de bajo costo, con un gran potencial de uso en la alimentación animal.

También se reportan avances en la utilización de la hoja de yacón en la fase de iniciación de pollos de engorde, en niveles de 9 %, sin afectar los parámetros productivos, según ensayos adelantados en el hato de la Universidad de La Salle, en la asignatura de Proyectos de Investigación de Monogástricos.

De igual manera, en el interior del Semillero de Investigación en Ciencia Animal (Sica), se destaca la evaluación realizada en pollos de engorde, con la utilización de la harina de cáscara de raíces de yacón, que fue empleada al 0,9% en cada una de las etapas. Si bien no se reporta diferencia significativa con los animales que fueron empleados como control, se encuentra una mejora en la integridad del tejido intestinal de las aves (Arango, Díaz y Bernal, 2013), por lo que el yacón se convierte en un gran elemento en la alimentación animal, porque no afecta los parámetros productivos.

Este trabajo logró ganar premios de investigación en el Encuentro de Semilleros interno de la Universidad de La Salle; clasificar a las Regionales, en el nodo Cundinamarca; clasificar a las Nacionales en Montería, y participar en las Internacionales, por la importancia y relevancia del tema (Arango, Díaz y Bernal, 2013). La investigación fue presentada exitosamente en la Séptima Expociencia ESI-Amlat, que corresponde al Encuentro Latinoamericano de Semilleros de Investigación, en la ciudad de Medellín.

Bajo la dinámica de este semillero, también se adelantó una investigación que incluía las hojas de yacón mezcladas con subproductos, como la cáscara de naranja y de piña (Pinzón y Lemus, 2013), donde se evidenció que era posible emplearla hasta en un 80 % con cualquiera de los dos materiales. En este contexto, también se resalta la continuidad dada a estos resultados en campo con animales, como el adelantado por los estudiantes del semillero Sica, integrado por Francisco Buitrago y John Triana, quienes presentaron como propuesta de investigación el uso de la mezcla de hojas de yacón (80 %) y cáscara de naranja (20 %) en ovinos. Con su investigación clasificaron en el XVI Encuentro Regional de Semilleros de Investigación, Nodo Cundinamarca, y en el Encuentro Nacional para asistir a Cúcuta, en representación del Semillero del programa de Zootecnia de la Universidad de La Salle.

Fotografía 2. Estudiantes del semillero Sica recogiendo hojas de yacón.

Fuente: los autores.

Fotografías 3 y 4. Estudiantes del programa de Zootecnia haciendo pesaje de las hojas de yacón y preparando la naranja para el ensilaje.

Fuente: los autores.

Otras experiencias

Algunas experiencias incluyeron la utilización de raíces de yacón en la alimentación de gallinas ponedoras Hy-line Brown; como resultado, se observó una excelente coloración de la yema de huevo, sin bajar la producción ni la calidad en tamaño (Gómez, 2012). Asimismo, se destaca el trabajo adelantado en el semillero Sica, específicamente por Hernández, Robles y Bernal (2015), con la utilización de la harina de hojas de yacón en la dieta de pollos de engorde, a escala del 1 % sobre los parámetros productivos y la integridad del tejido intestinal, donde no se encuentra diferencia significativa entre los parámetros productivos evaluados, pero se halla una mayor integridad de las vellosidades del tejido intestinal de las aves que fueron alimentadas con esta harina de hojas.

Finalmente, se está implementando la utilización de yacón en la dieta del ganado lechero Holstein, en la Sabana de Bogotá, como suplemento a la hora del ordeño (Otálora, 2012), con resultados parciales bastante interesantes, debido a la buena palatabilidad de las raíces de yacón (fotografía 5).

Fotografía 5. Vacas alimentándose de raíces de yacón fresco en CIC San Miguel, Facatativá (Cundinamarca).

Fuente: los autores.

Perspectivas de investigación

En el campo de la producción animal, existen muchos escenarios posibles de investigación, que pueden generar la producción de conocimiento al servicio del productor y dejar en evidencia el uso potencial del yacón como alternativa de alimentación animal. Dentro de los campos que se pueden pensar para continuar con las investigaciones estarían:

- Caracterización bromatológica, a diferentes estadios de cosecha, para conocer el momento óptimo, por calidad nutricional, del forraje y de la raíz por cosechar, así como para poder ampliar la información nutricional disponible sobre minerales y aminoácidos, por ejemplo, pero para cada variedad o ecotipo identificado para Colombia.
- Evaluación de la planta en el tiempo y en diversas zonas de vida, en términos de tasas de crecimiento y demás variables dasométricas —entre las que se destaca, por ejemplo, la biomasa—, que permitan, en correlación con la información bromatológica, determinar el momento óptimo de cosecha para el animal y su respuesta a las adversidades climáticas.
- Evaluación de diferentes niveles de inclusión, tanto de la hoja como de la raíz, en especies animales domésticas (no hay trabajos científicos en pollos, bovinos, cerdos, equinos, patos, pavos, avestruces ni en zoocría) y en diferentes estados fisiológicos de los animales.
- Realización de pruebas *in vitro* para determinar la producción de gas y de degradación de nutrientes para la planta completa, las hojas y, de ser posible, la raíz.
- Evaluación de la calidad nutricional, los parámetros de fermentación y la dinámica en métodos de conservación como el ensilaje. Evaluación de su potencialidad como heno o henolaje, y la utilización de estas opciones de conservación como fuente de alimento para los animales domésticos, en diversas especies.
- Identificación, aislamiento y caracterización de la presencia de metabolitos secundarios, como fuente de principios activos para cada una de las variedades trabajadas en Colombia, en aras de ser pilar de trabajos de bioprospección, con finalidad de uso para los humanos, y de poder limitar, dependiendo del metabolito, su utilización en la alimentación animal, a fin de evitar la muerte súbita de especies animales.

- Evaluación económica de la viabilidad de establecer esta especie vegetal, o la mejor variedad de ella, por adaptación agronómica y producción por unidad de área, con miras a proponer esta planta como una especie de doble propósito (raíz tuberosa como fuente de energía y hojas como fuente de proteína) y para su utilización en la alimentación animal, por la alta disponibilidad, en la industria de alimentos balanceados para animales.
- Exploración del uso de esta especie vegetal en el campo de la agroforestería, para hacer evaluaciones agronómicas y con animales (ej. establecer si es posible que toleren el ramoneo), que permitan determinar cuál es la mejor tecnología agroforestal que se puede emplear: sistemas silvopastoriles, cercas vivas o bancos de forrajes, entre otros.

Capítulo 5. Hacia una agenda investigativa en yacón

El yacón y las redes de investigación

Trabajar con esta especie permitirá encontrar una serie de posibles aplicaciones de valor agregado para la salud humana y animal. Sin embargo, dada la escasez de investigaciones en el país, es preciso abordar el conocimiento sobre esta especie y sus posibles derivados, desde el mismo material genético con que se cuenta en el país, la producción y sus implicancias agronómicas y ecofisiológicas, hasta los productos de valor agregado en producción agroindustrial primaria y secundaria.

Se requiere que las políticas públicas apoyen desinteresadamente la investigación en el sector de las especies promisorias de la Región Andina. En tal sentido, la Organización de las Naciones Unidas para el Desarrollo Industrial (2006) refiere que para identificar los elementos clave en el sector de plantas medicinales y diseñar una estrategia de desarrollo (hoja de ruta) nacional y regional de largo plazo, las instituciones académicas y de investigación serán responsables de:

- Formalizar la inclusión de la medicina tradicional andina en el currículo académico de las profesiones en salud.
- Participar, en coordinación con el sector privado, en proyectos de investigación.
- Difundir los resultados de las investigaciones a través de revistas académicas y redes de investigación, entre otros.

Investigadores de prestigio como Flores (2010), Li (2010), Vargas (2010), Malpica (2005), la National Academy of Sciences (1989) y Grau (1997) señalan el derrotero a seguir con la investigación en esta especie promisoria. Torres (2004) refiere que aunque los resultados de investigaciones con yacón son promisorios, es necesario un proceso experimental más detallado y prolongado para poder evaluar plenamente la acción farmacológica de los extractos en humanos.

Debido a que la investigación sobre esta especie, alrededor de sus eslabonamientos como una factible cadena agroalimenticia, está bastante dispersa y no apunta a los verdaderos requerimientos con base en la demanda actual y el potencial desarrollo de una serie de posibles subproductos, es importante la formación de un nodo de investigación sobre esta especie.

Tanto en el ámbito nacional como en el latinoamericano, se podría tejer una interesante red de investigadores que incluya las siguientes disciplinas: Agronomía, Zootecnia, Medicina Humana, Medicina Veterinaria, Ingeniería Química, Ingeniería de Alimentos, Biología, Administración de Agronegocios, Farmacología, entre otras tantas.

En la tabla 1 se hace una recopilación de los requerimientos de investigación en yacón en varias áreas disciplinares.

Requerimientos investigativos con yacón

La información de la tabla 1 permite deducir la existencia de un abanico de investigaciones que se podrían realizar con esta especie.

Tabla 1. Requerimientos de investigación para el desarrollo de la producción, transformación y comercialización del yacón.

Área disciplinar	Investigación
Agronómica	Situación actual de la investigación agronómica del yacón.
	Caracteres agronómicos de cultivos de yacón bajo las condiciones de tres pisos térmicos (frío, medio y cálido).
	Respuestas del yacón a las aplicaciones de NPK y niveles de materia orgánica y sus interacciones en los suelos de tres pisos térmicos. Jugar con aplicaciones de 20, 30 y 40 t/ha de materia orgánica, en densidades de siembra de 1,20 m entre surcos y 0,80 m entre plantas. Entre bloques, la distancia sería de 1 a 1,5 m. Fertilización química + orgánica.
	Fenología del cultivo de yacón en tres pisos térmicos.
	Evaluación de insectos y ácaros en yacón y métodos de manejo integrado de plagas.

Continúa

Área disciplinar	Investigación
Agronómica	Evaluación de enfermedades en yacón y métodos de manejo integrado de enfermedades.
	Efecto del distanciamiento entre surcos y entre plantas sobre el rendimiento y otros caracteres de dos ecotipos de yacón bajo diferentes dosis de fertilización nitrogenada.
	Obtención de nuevas variedades de yacón por selección y mejoramiento genético, según piso térmico y objetivos de producción.
	Estudio del yacón en sistemas de producción agroecológica como alternativa a los sistemas convencionales de agricultura.
	Introducción del yacón como componente en arreglos agroforestales, silvopastoriles y en policultivos.
	Efecto del peso y tamaño del propágulo en la producción del yacón.
	Identificación de morfotipos de mayor contenido de FOS.
	Determinación de épocas óptimas de siembra.
	Evaluación de la resistencia/tolerancia de plagas y enfermedades presentes en diversos clones.
Zootecnia	Efecto de los niveles de nitrógeno sobre la producción de forraje verde, materia seca y proteína bruta, en dos biotipos de yacón.
	Aprovechamiento de hojas y raíces de yacón en dietas alimenticias de animales mayores y menores.
	Investigación de posible uso como alimento funcional en ganadería.
	Utilización de la biomasa foliar del yacón para elaboración de ensilaje.
	Utilización de la biomasa radicular del yacón para elaboración de ensilaje.
Biología/Bioquímica	Creación de un banco de germoplasma andino de yacón.
	Colección y conservación de clones colombianos.
	Micropropagación y conservación del germoplasma del yacón.
	Obtención de fitoquímicos para prevención y control de plagas y enfermedades de las plantas.
	Análisis cromosómico y molecular de diferentes accesiones y morfotipos de yacón.
	Análisis fisiológico de la formación de las raíces tuberosas, desarrollo, propagación y dormancia.
	Caracterización botánica y etnobotánica.
	Estudio de microorganismos asociados a la rizósfera de yacón.
	Estudio de enfermedades asociadas a virus y su difusión.

Continúa

Área disciplinar	Investigación
Administración de Agronegocios y Maestría en Agronegocios	Estimación de la posible demanda nacional e internacional; determinación de la magnitud potencial de la oferta del yacón; presentación de las características del producto y construcción de una metodología de trabajo que pueda ser aplicada a cultivos de similares características.
	Revisión del estado del arte del yacón en Colombia.
	Estudio de mercado en tiendas naturistas del país.
	Obtención de registro sanitario ante la Dirección General del Instituto Nacional de Vigilancia de Medicamentos y Alimentos, Invima.
	Creación de empresas asociativas de pequeños productores de yacón para agroexportación.
	Obtención del certificado de derechos de obtentor de una variedad mejorada de yacón.
Ciencias de la Salud	Investigación del efecto de una dieta con yacón sobre la concentración de lípidos y lipoproteínas en ratas albinas. Análisis del metabolismo normal y animal del transporte de lípidos y lipoproteínas, luego de una ingesta de dietas con yacón. Evaluación del valor nutricional de yacón para el tratamiento de las hiperlipidemias o hiperlipoproteinemias.
	Evaluación de las propiedades medicinales de las hojas.
Ingeniería de Alimentos	Investigación de formas más económicas y variables que incidan en el almacenamiento del producto cosechado.
	Determinación de clones con sabores y otras características homogéneas.
	Perecibilidad del producto y comportamiento de los azúcares en poscosecha.
	Obtención de nuevos productos industriales. Investigación aplicada para la mejora de la primera y segunda transformación de materia prima.
	Inactivación de enzimas, degradación de pigmentos, pH, T° y tiempos de proceso (generalmente es referido al proceso de pardeamiento y al uso de un aditivo para evitar este proceso).
	Evaluación del contenido de FOS durante el cultivo para programar la cosecha de las raíces.
	Determinación de la relación entre contenidos de FOS y condiciones de manejo de cultivo.
	Determinación de la relación entre contenidos de FOS y condiciones del proceso.
	Caracterización completa de la raíz y de las hojas de yacón, la cual se expende en otros países como hojas desecadas o en harina.
Ciencias Básicas	Análisis farmacológico de extractos provenientes de clones seleccionados.
	Análisis toxicológico de extractos y fracciones de extractos.
Ingeniería de Automatización	Desarrollo y evaluación de tecnologías de cosecha (cosecha mecánica) y poscosecha (transporte-almacenamiento).
	Desarrollo y evaluación de diversas técnicas de procesamiento.

Fuente: elaboración propia.

Experiencia formativa de estudiantes

Una experiencia digna de rescatar y hacer visible es la utilización de esta especie como herramienta y objeto investigativo de estudiantes de Ciencias Agropecuarias de la Universidad de La Salle (Ingeniería Agronómica; Administración de Agronegocios; Medicina Veterinaria; Zootecnia e Ingeniería de Alimentos). La facilidad de propagación de esta especie, su rápido crecimiento en los tres pisos térmicos y el muy bajo costo para su conducción en cultivo permiten su manejo por parte de estudiantes, generando aptitudes investigativas e ideas innovadoras que prometen ser cristalizadas a través del tiempo. Asimismo, trabajar con una planta desconocida para muchos, y darse cuenta de sus potenciales beneficios para la salud humana y el impacto de su producción radicular genera en los jóvenes estudiantes un aprecio por la biodiversidad vegetal colombiana, representada en esta generosa especie.

Los procesos investigativos fueron direccionados a través de diversos espacios académicos de las mallas curriculares de las carreras mencionadas. Se pueden citar las siguientes asignaturas: Fundamentos de Producción; Metodología de la Investigación; Fisiología Vegetal; Agroecología; Edafología; Nutrición Animal; Bioestadística; Producción Agrícola, e Industrialización de la Producción Agrícola.

Las prácticas de campo a través de pequeños cultivos forman parte del esquema didáctico-pedagógico de la Facultad de Ciencias Agropecuarias de la Universidad de La Salle, en especial del Programa de Administración de Agronegocios. En estos espacios, el contacto directo de los estudiantes con algunas especies cultivadas fortalece el trabajo teórico y facilita el proceso de enseñanza-aprendizaje (aprender haciendo y enseñar demostrando).

De igual manera, las prácticas de laboratorio para estudiantes de espacios académicos vinculados a la transformación de los productos agrícolas, para alimentación humana y animal, requieren del empleo de productos frescos, de fácil adquisición y sin costo alguno.

Es así como a los productos tradicionales para el trabajo práctico campo-laboratorio, utilizados por los estudiantes, se ha adicionado el empleo de hojas y raíces del yacón, como beneficio esperado de las investigaciones que sobre esta especie se realizan desde 2009, cuando se planteó el proyecto: "Determinación de las condiciones ambientales idóneas para el desarrollo de la producción agroecológica de yacón en el departamento de Cundinamarca, referidas a producción de campo, productividad, manejo cosecha, poscosecha y caracterización fisicoquímica", cuya primera parte concluyó a finales de 2011.

Desde el inicio de las investigaciones con esta especie en nuestra universidad, un gran número de estudiantes de los programas de Administración de Agronegocios, Zootecnia, Ingeniería de Alimentos e Ingeniería Agronómica han realizado sus prácticas de campo y de laboratorio y utilizado el material en crecimiento o de cosecha, bajo los espacios académicos de las asignaturas vinculadas a la producción agrícola sustentable y a la nutrición animal.

Asimismo, con especial relevancia, dos estudiantes del Programa de Zootecnia han realizado sus trabajos de grado con el material foliar para alimentación en conejos; cuatro estudiantes de Medicina Veterinaria realizaron una investigación a partir del uso de raíces de yacón para la alimentación de cabras lecheras, trabajo que fue llevado a un congreso científico realizado en Medellín en 2011: "Comparación suplementaria de heno y concentrado contra soya y yacón en producción de leche en cabras".

Otros estudiantes de Zootecnia realizaron, dentro del curso de Nutrición Básica, una evaluación bromatológica del yacón y su aporte nutricional en animales (Díaz y Acosta, 2010). En Administración de Agronegocios, un estudiante hizo su trabajo de grado como auxiliar tesista, y cuatro estudiantes del Programa de Ingeniería de Alimentos llevaron a cabo su trabajo de grado en manejo poscosecha. Nuevas propuestas de investigación se vienen gestando en los programas anteriormente mencionados: extracción de inulina y obtención de mieles de yacón.

Este camino recorrido ha posicionado, en cierta forma, el estudio de esta especie en la Facultad; de ahí su conocimiento, aunque muy *sui generis*, por un cierto número de profesores investigadores, los cuales están dispuestos a realizar un trabajo mancomunado e interdisciplinario. Esto es muy importante, en la medida en que la investigación formativa alrededor de esta especie puede incentivar un interés más profundo por la diversidad en Colombia.

Por otro lado, teniendo en cuenta las tendencias y el fortalecimiento de la investigación en biodiversidad y su prioridad dentro de las convocatorias oficiales para cofinanciamiento, como las de Colciencias, obligan a la comunidad científica de nuestra Universidad a estar preparados para presentar propuestas innovadoras.

Según la Universidad de La Sabana (2007), la investigación formativa es un proceso de búsqueda, de indagación, de pensamiento, de práctica docente investigativa, con la intención explícita de promover el desarrollo y la formación de hábitos, virtudes e intereses por la investigación, en estudiantes de diferentes niveles de la educación superior. Siendo una función pedagógica que busca formar en la investigación, lo hace a través de actividades propias de la investigación, pero sin pretender el logro de resultados científicos, sino la construcción u organización de conocimiento ya existente.

La investigación formativa aborda el problema de la relación docencia-investigación o el papel que puede cumplir la investigación en el aprendizaje de la misma investigación y del conocimiento; este problema sitúa a los docentes en el campo de las estrategias de enseñanza y evoca concretamente la de la docencia investigativa o inductiva, o también el denominado "aprendizaje por descubrimiento" (Restrepo, 2003).

La investigación formativa es fundamental en la formación para la investigación y en la formación de profesionales con pensamiento crítico, con capacidad para aprender permanentemente, para identificar problemas no resueltos y plantear soluciones en su labor cotidiana, habilidades características del tipo de profesionales que requiere el país (Miyahira, 2009). Según el mismo autor, la investigación formativa desarrolla en los estudiantes la capacidad de interpretación, de análisis y de síntesis de la información; de búsqueda de problemas no resueltos; el pensamiento crítico; la observación, descripción y comparación, todas directamente relacionadas con la formación para la investigación.

Osorio (2008) refiere que la ruta más eficaz para consolidar la "cultura investigativa" en la universidad es desde un currículo problematizador, cuya base esté dada por la articulación docencia-investigación y extensión, y su eje sea la investigación formativa. Para Anzola (2005), la investigación formativa se entiende como la orientación hacia la investigación de todas y cada una de las actividades curriculares de los programas, la cual incide en la selección del plan de estudios, en el diseño de las áreas temáticas, las asignaturas, los programas y materiales de apoyo, las actividades académicas extracurriculares, las prácticas y los procesos de evaluación académica, entre otros.

Cabrera y Uribe (2004) plantearon el espacio denominado "El Oficio de Investigar" como una acertada estrategia didáctica para la formación en investigación social, al promover la cultura de la investigación y la consolidación de una comunidad académica estudiantil en el desarrollo de sus contenidos y en los métodos que utiliza, para que esos contenidos no solo sean incorporados por los estudiantes, sino repensados crítica y reflexivamente por los actores del proceso docente educativo, generando un espíritu interdisciplinar proactivo, ausente de certezas, pero inmenso en incertidumbres encaminadas a la cosmovisión de mundos posibles y horizontes de sentido.

Para González (2010), la investigación formativa es una posibilidad para generar un modelo didáctico, que parte de la enunciación y solución de problemas; estos se convierten en el punto de partida para enseñar a investigar a los estudiantes en la universidad.

Un motivo interesante en la intencionalidad de la investigación con estudiantes sobre el yacón es hacerlo consciente y partícipe del aprovechamiento sostenible de la amplia biodiversidad andina colombiana, saliendo del enfoque tradicional de trabajar con especies convencionales. De esta manera, se le abre una gran ventana al enorme potencial de uso de un sinnúmero de especies de la flora andina, que puede, a un futuro próximo, generar planes de negocio para su uso local y para la agroexportación.

Los trabajos de campo se realizan principalmente en el campus de la sede norte de la Universidad, así como en los Centros de Investigación y Capacitación de la Universidad de La Salle (CIC) San Miguel (Facatativá, Cundinamarca) y La Isla (Sasaima, Cundinamarca) donde hay material de propagación de yacón, de los dos biotipos que se han venido investigando (rojo y blanco).

Para la ejecución de diversas labores de campo (siembra, fertilización, deshierbos y otras labores culturales), se cuenta con el aporte del trabajo de los estudiantes, como parte de su formación académica en la producción vegetal, básica en algunas asignaturas de la Facultad de Ciencias Agropecuarias.

Para el manejo del producto cosechado, análisis bromatológicos y procesamiento industrial, se aprovecha la infraestructura de laboratorios y planta de ingeniería de alimentos de la sede norte de la Universidad de La Salle, todo esto, en el trabajo rutinario de prácticas de los estudiantes de diversos espacios académicos. Para cada uno de los semestres, y como forma de cumplir los logros de los dos objetivos específicos, se siguen estos pasos:

- Socialización, con la comunidad académica de la Universidad, de los avances de investigación con esta especie y las posibilidades de estudio desde los diversos ángulos disciplinares.
- Aseguramiento de material genético para la propagación y producción de material suficiente en los campos de cultivos de los CIC de la Universidad, para aportar a la realización de los estudios correspondientes.
- Trabajo interdisciplinario con los estudiantes de diversos espacios académicos de los programas de la Facultad de Ciencias Agropecuarias, según la tabla 2.

Tabla 2. Programas y espacios académicos que podrían utilizar material genético de yacón en sus asignaturas y trabajos de grado.

	Programas			
	Adm. Agronegocios.	Zootecnia	Medicina Veterinaria	Ing. Alimentos
Espacio académico		Fisiología Vegetal	Metodología de la Investigación	
		Metodología de la Investigación	Asignatura electiva Agroecología	Asignatura electiva
	Sistemas de Producción Agrícola	Nutrición Animal		
	Sistemas Agroindustriales	Asignatura electiva		
	Trabajo de grado	Trabajo de grado	Trabajo de grado	Trabajo de grado

Fuente: elaboración propia.

En estos espacios, dentro de las actividades de prácticas de campo y de laboratorio de las asignaturas correspondientes, se incluye al yacón como material de estudio, al contar con material de fácil disponibilidad y, sobre todo, sin costo económico para los estudiantes. Adicionalmente, profesores y estudiantes de otras asignaturas del Departamento de Ciencias Básicas y de los programas de Biología e Ingeniería Agronómica se pueden ver beneficiados.

Para los trabajos de grado, se plantea realizar investigaciones en torno a lo propuesto en la tabla 1, tanto como parte de trabajos de investigación de profesores (estudiantes tesistas), como de trabajos directos realizados por los mismos estudiantes (fotografías 1 a 5).

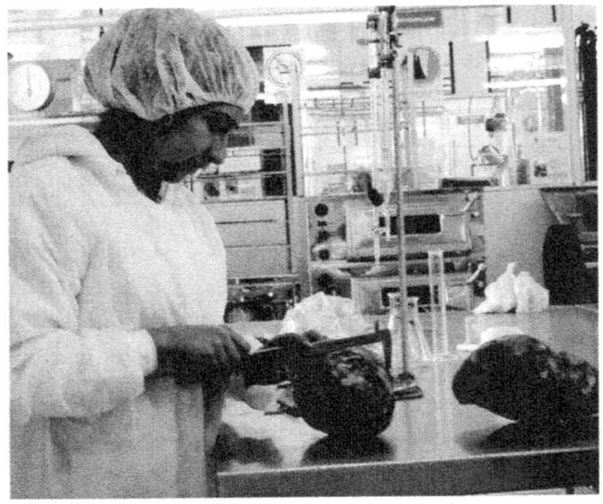

Fotografías 1 y 2. Estudiantes de Ciencias Agropecuarias e Ingeniería de Alimentos en sus proyectos de investigación con yacón.

Fuente: los autores.

Fotografía 3. Muestra de yacón liofilizado producido en los laboratorios de la Universidad de La Salle por estudiantes del Programa de Zootecnia.

Fuente: los autores.

Fotografías 4 y 5. Izquierda: grupo de investigación de manejo poscosecha. Derecha: grupo de investigación de manejo de producción.

Fuente: los autores.

Conclusiones

De las experiencias sobre el buen comportamiento agronómico del yacón, principalmente en clima frio, se deduce que existe un potencial para su cultivo y producción. Se ha demostrado su facilidad de obtención de material de siembra y rapidez de propagación. Asimismo, su alto porcentaje de prendimiento en campo asegura poblaciones muy uniformes.

Un punto interesante como alternativa de producción para pequeños productores es el referente al manejo del suelo, pues no requiere tanto laboreo como el cultivo de papa. Por otro lado, es sustancial la reducción de los costos de producción por la no aplicación de productos agroquímicos para control de plagas y enfermedades, debido a la gran tolerancia de esta planta a los insectos y patógenos, producto de su adaptación durante cientos de años.

La facilidad y reducido costo de su manejo, basado principalmente en conceptos agroecológicos, ha permitido una rápida expansión del producto entre los pequeños productores de los departamentos de Cundinamarca y Boyacá, a tal punto que ya es factible encontrarlo en las principales cadenas de supermercados, *fruvers* y tiendas de barrio. Asimismo, se ha demostrado que con tecnologías sencillas de manejo poscosecha, se asegura la conservación del producto cosechado, para evitar la degradación de los fructooligosacáridos, componentes clave para el uso directo y la transformación del yacón.

La introducción agroindustrial de esta especie significa estar frente a una innovación agrícola de bajo costo, de fácil manejo en campo y con una amplia variedad de alternativas para su utilización: consumo en fresco y productos derivados de una primera trasformación (mieles, jarabes, hojuelas, polvo, etc.), dirigidos al mercado local y a la agroexportación, tal como se hace en otros países de la región.

Lo interesante del agronegocio con esta especie de la biodiversidad colombiana es no quedar en la simple producción de los derivados mencionados, sino escalar, a través de la investigación, hacia la obtención de productos interesantes como la inulina y otros muchos fitoquímicos, que tienen una amplia demanda en el mercado internacional. Se deben orientar los estudios hacia los mercados locales y globales, con derivados del yacón utilizados en la formulación de productos dietéticos y naturales (alimentos funcionales), que cada vez cobran más importancia por su amplia demanda, principalmente en los países desarrollados.

El yacón se puede considerar como una especie alternativa de bajo costo, con un gran potencial de uso en la alimentación animal. Solamente pensar que una hectárea de este cultivo puede producir fácilmente, bajo condiciones normales de fertilización y riego, alrededor de 80 toneladas de raíces, y más de 30 toneladas de follaje, permite deducir que estamos frente a una especie que supera fácilmente la producción de biomasa de cualquier especie forrajera de clima frío.

Se espera también investigar su uso en la obtención de ensilaje, en mezcla con otras especies, y también su deshidratación para mezcla en alimentos concentrados.

Existe un abanico de investigaciones multidisciplinares que se abren con esta especie, en todos los eslabones de la cadena agroindustrial: desde su secuenciamiento genético, estudios fenológicos, propagación, labores agronómicas, adaptación edafoclimática, fitomejoramiento, costos de producción, entre otros, hasta su transformación industrial en derivados primarios y secundarios. A ello se le debe adicionar la investigación de mercados para su posicionamiento local y agroexportación.

Sin embargo, nada de esto podría ocurrir sì los estamentos oficiales no fijan políticas claras para la promoción y uso sostenible de los recursos de la biodiversidad, tal como lo hacen países vecinos como Perú, donde el recate de los productos ancestrales cobra vigencia y protagonismo, cuando de mirar el mundo de los bionegocios se trata.

Referencias

Aguilar, E. y Bonilla, P. (2009). Actividad antioxidante e inmunológica de flavonoides aislados de hojas de *Smallanthus sonchifolius* (yacón). *Ciencia e Investigación, 12*(1), 15-23.

Aguillón, L. y Valderrama, A. (2013). *Extracción de inulina a partir de dos biotipos de yacón* (Smallathus sonchifolius) *para su aprovechamiento industrial* (trabajo inédito de grado). Facultad de Ingeniería, Universidad de La Salle, Bogotá.

Alanís Guzmán, M., García, C., Reyes Avalos, C. y Meza Velásquez, A. (2013). Aplicación de hidroenfriamiento y una cubierta de HP MC parafina para aumentar la vida en anaquel de melón cantaloupe. *Universidad y Ciencia, 29*(2), 179-190.

Alférez, F. y Zacarías, A. (2003). Posharvest rind staining in navel oranges is aggravated by changes in storage relative humidity: Effect on respiration, ethylene production and water potential, post-harvest. *Biology and Technology. 28*, 143-152.

Almenar, E. (2005). *Envasado activo de fresas silvestres.* Valencia: Universitat de València.

Ames de Icochea, T. (1997). *Enfermedades fungosas y bacterianas de raíces y tubérculos andinos.* Lima: Centro Internacional de la Papa.

Angueira. M., Sandoval. A. y Barreiro. J. (2003). Tasas de respiración en cuatro híbridos de pimentón (Capsicum annum L). *Inci., 28*(10), 593-596.

Anzola, O. (2005). *La investigación formativa en los procesos de investigación asumidos en la universidad.* Recuperado de http://foros.uexternado.edu.co/ecoinstitucional/index.php/sotavento/article/view/1601/1440

Arango, M., Díaz, M. y Bernal, L. (2013). Utilización de la harina de cáscara de yacón (*Smallanthus sonchifolius*) sobre los parámetros productivos y morfológicos en pollos de engorde. *Revista Colombiana de Ciencias Pecuarias, 26*(4), 444.

Arango, M., Díaz, M. y Bernal, L. (2014). Evaluación de la inclusión de harina de cáscara de yacón sobre los parámetros productivos en pollos de engorde. En L. Garzón, *Cosechando investigadores.* Bogotá: Unisalle.

Arce, A. (2002). *El cultivo de la patata.* S. l.: Aedos.

Arcos, A. L. y Ochoa, F. A. (2006). *Mejoramiento de la calidad y diferenciación para productos de la biodiversidad. Estrategia para fortalecer las actividades de promoción y consumo de productos de la biodiversidad a nivel subnacional y nacional.* Bogotá: Corporación Andina de Fomento-Instituto Alexander Von Humboldt.

Arguello, S. (2015). *Agricultura ecológica. Usos medicinales y aplicaciones curativas del yacón*. Recuperado de https://syndyarguello.wordpress.com/?s=

Arnao, I., Seminario, J., Cisneros, R. y Trabucco, J. (2011). Potencial antioxidante de 10 accesiones de yacón, *Smallanthus sonchifolius* (Poepp. & Endl.) H. Robinson, procedentes de Cajamarca-Perú. *An Fac Med. 72*(4), 239-243.

Asami, T. *et al.* (1989). Fluctuation of oligofructan contents in tubers of yacón (Polymnia sonchifolia) during growth and storage. *Soil Science and Plant Nutrition, 62*(6), 621-627.

Aznarán, G. (2002). *La competitividad global agrícola*. Lima: Universidad Nacional de San Marcos.

Baldwin, E., Nisperos Carriedo, M. y Baker, R. (1995). Edible coat-ings for lightly processed fruits and vegetables. *HortScience*, (30), 35-38.

Barbosa de Oliveira, R., Aparecida, D., Alves, B., A., Franco, J., Gobbo-Neto, L., Akira, S. y Ferreira, W. (2011). Renal toxicity caused by oral use of medicinal plants: The yacon example. *Journal of Ethnopharmacology*, 133(2), 434-441.

Baroni, S., Rocha, B. A., Oliveira, J., Comar, J., Caparrroz-Assef, S. y Bersani-Amado, C. (2016). Hydroethanolic extract of *Smallanthus sonchifolius* leaves improves hyperglycemia of streptozotocin induced neonatal diabetic rats. *Asian Pacific Journal of Tropical Medicine*, 1-5.

Baroni, S., Suzuki-Kemmelmeier, F., Caparroz-Assef, S., Nakamura, R. y Bersani-Amado, C. (2008). Effect of crude extracts of leaves of *Smallanthus sonchifolius* (yacón) on glycemia in diabetic rats. *Brazilian Journal of Pharmaceutical Sciences. 44*(3), 521-531.

Barrera V., Tapia, C. y Monteros, A. (Eds.) (2004). Raíces y tubérculos andinos: alternativas para la conservación y uso sostenible en el Ecuador. Quito: Instituto Nacional Autónomo de Investigaciones Agropecuarias, Centro Internacional de la Papa, Agencia Suiza para el Desarrollo y la Cooperación.

Béjar, E. (2007). *El futuro de los productos andinos en la región alta y los valles centrales de los Andes*. Ponencia presentada en la Tercera Conferencia Regional de Herbalife International, Inc. Quito, Ecuador.

Bernal, L. (14-18 de noviembre de 2010). *Physical and chemical characterization of forage alternatives Smallanthus sonchifolius, Moringa oleifera, Salix baylonica and Alocasia macrorrhiza ADN cattle feeding*. Ponencia presentada en el XXVI World Buiatrics Congress, Santiago de Chile, Chile.

Bernal, L. (2009). El futuro de la zootecnia y el reto de la alta calidad. *Revista Universidad de La Salle*, (48).

Bernal, L. (2011a). Nutritional value of *Smallanthus sonchifolius* and *Moringa oleifera* tropic forage as alternative in ruminant feeding. *Journal of Dairy Science, 94*(1), 646.

Bernal, L. (2011b). Nutritional value of *Smallanthus sonchifolius* and *Moringa oleifera* tropic forage as alternative in ruminant feeding. *Journal of Animal Science, 89*(1), 646.

Bernal, L. Ramírez, A. y Molano, D. (2011). *Efecto de la utilización de Sambucus nigra y Smallanthus sonchifolius sobre los parámetros productivos y digestibilidad fecal en fase de levante de conejos Nueva Zelanda* (tesis inédita de grado). Programa de Zootecnia, Universidad de La Salle, Bogotá.

Bernal, L. y Suárez, R. (2011). La producción de forraje en el contexto del cambio climático. *Revista de Ciencia Animal*, (4), 7-14.

Bósquez, M., Vernon, J., Pérez, L. y Guerrero, L. (2000). Películas y cubiertas comestibles para conservación en fresco de frutas y hortalizas. *Industria Alimentaria*, (22), 14-36.

Boucher, F. (2000). Agroindustrias en el Perú con oportunidades para la agroexportación. Documento de trabajo Prodar n.° 14. Lima: Instituto Interamericano de Cooperación para la Agricultura (Iica).

Brack, A. (2000). *Perú biodiversidad y biocomercio: situación actual y potencial*. Lima: Conam, Unctad, Programa biotrade.

Brack, A. (2008). *La biodiversidad como una fuente y oportunidad de bionegocios*. Iquitos: Universidad Nacional de la Amazonía Peruana, Oficina de Cooperación Técnica Internacional.

Burgos, A., Padilla, G. y Arrazóla, G. (2007). *Determinación de las características químicas, físicas y organolépticas del fruto de grosella (phyllanthus acidus). Dialnet, 12*(1).

Bürkert, A. y Finckh, M. (2003). Establishment of a classification scheme to structure the post-harvest diversity of yacón storage roots (*Smallanthus sonchifolius* [Poepp. & Endl.] H. Robinson). Kassel: Faculty of Agriculture, International Rural Development and Environmental Protection, University of Kassel.

Cabrera, R. y Uribe, U. (2004). *El oficio de investigar: una estrategia didáctica para la formación en investigación social* (trabajo inédito de grado). Universidad de Antioquia, Medellín.

Campos, D., Betalleluz Pallardel, I., Chirinos, R., Aguilar-Galvez, A., Noratto, G. y Pedreschi, R. (2012). Prebiotic effects of yacon (*Smallanthus sonchifolius Poepp & Endl)*, a source of fructooligasaccharides and phenolic compounds with antioxidant activity. *Food chemistry, 135*, 1592-1599.

Cano, J. (2011). *¿Qué pasos debería dar Colombia para aprovechar esta nueva oportunidad? Retos tecnológicos, económicos, institucionales y regulatorios en Colombia.* Recuperado de http://www.forossemana.com//doc/Doc-2225_20111213.pdf

Carballo, S. y Scalone, M. (2006). Efecto de la aplicación postcosecha de hielo seco y ozono en la calidad y vida útil de frutillas (Fragaria x ananassa). *Inia*, 9-13.

Casas Castañeda, F. (2011). *El Protocolo de Nagoya: desafíos y oportunidades del acceso a los recursos genéticos y repartición de los beneficios resultado de su utilización.* Recuperado de http://www.forossemana.com//doc/Doc-2224_20111213.pdf

Catalá, R., Hernández Muñoz, P., López Carballo, G. y Gavara, R. (2009). Materiales para el envasado de frutas y hortalizas con tratamientos mínimos. *Horticultura Internacional*, (69), 60-65.

Centro Internacional de la Papa. (1995). *Programa Colaborativo Biodiversidad Raíces y Tubérculos Andinos. Memorias 1993-1994*. Lima: Centro Internacional de la Papa.

Centro Internacional de la Papa. (2002). *Ampliando las fronteras agrícolas: impactos sobre la salud, el hábitat y el hambre. Informe anual 2001 del Centro Internacional de la Papa*. Lima: Centro Internacional de la Papa.

Chacón Villalobos, A. (2006). Perspectivas agroindustriales actuales de los oligofructosacáridos (FOS). *Agronomía mesoamericana, 17*(2), 265-286.

Chasquibol, N., Aguirre, R., Bravo, M., Lengua, R., Tomás, G., Delmás, I. y Rivera, D. (2002). Estudio químico y nutricional de las variedades de la raíz de la Polymnia sonchifolia "yacón". *Revista Peruana de Química e Ingeniería Química*, 5(1), 37-42.

Chile Potencia Alimentaria. (2008). *Envíos de inulina se multiplicaron por siete en 12 meses*. Recuperado de http://potenciaalimentaria.bligoo.com/content/view/212140/Envios-de-inulina-se-multiplicaron-por-siete-en-12-meses.html#.V6UKg9LhAdU

Chirinos, G. (1999). *Obtainment and characterization of oligofructanes from yacon* (Smallanthus sonchifolius). La Molina: Universidad Nacional Agraria La Molina.

Chirinos, S. (1999). *Obtención y caracterización de los oligofructanos a partir de la raíz del yacón (Smallanthus sanchifolius Poe pp & Ende)*. Lima: Universidad Agraria de La Molina.

Chuya Soncco. (2006). *Influencia de los efectos climáticos en los contenidos bioquímicos del yacón (Smallanthus sonchifolius) en diferentes pisos altitudinales y sistemas de producción en el distrito de Yanatile, provincia de Calca, región Cusco.* Recuperado de http://www.incagro.gob.pe/apc-aa-files/e457b33465143034680896b655b420d50/Sup071.pdf

CIP Upguard. (2003). *Conservación y uso sostenible de la biodiversidad agrícola. Libro de consulta* (3 t.). Los Baños: Centro Internacional de la Papa. Perspectivas de los usuarios con la investigación y el desarrollo agrícola. Recuperado de http://books.google.com/books?id=aObBU3VlcMoC&pg=PA629&dq=yacon&hl=es&ei=ccxMTb9Yw_-WB4iouRE&sa=X&oi=book_result&ct=result&resnum=7&ved=0CEgQ6AEwBjgy#v=onepage&q&f=false

Cocco, M. (2010). *Utilización de cera en el tratamiento pos cosecha de yacón.* Recuperado de http://www.inta.gov.ar/concordia/info/postcosecha/trabajos/2009/CoccoEtAl2009f.pdf

Comisión del Códex Alimentarius. (2012). Propuesta de nuevo trabajo para una norma regional del Códex para el yacón [*Smallanthus sonchifolius (Opep et Ende. H. Robinson]*. Roma: Food and Agriculture Organization, Naciones Unidas. Recuperado de ftp://ftp.fao.org/codex/meetings/cclac/cclac18/la18_15s.pdf

Córdoba, A. y Galecio M. (2006). Identificación y evaluación agronómica de los biotipos de yacón (*Smallanthus sonchifolius*) en la microcuenca la Gallega, Provincia de Morropón-Piura. *Universalia, 11*(2).

De Luján, R. (2014). *Frutas y hortalizas en niños 3-6 años.* Buenos Aires: Programa de Nutrición, Universidad Abierta Interamericana.

Departamento Nacional de Planeación (DNP). (28 de marzo de 2016). *Colombianos botan 9,76 millones de toneladas de comida al año.* Recuperado de https://www.dnp.gov.co/Paginas/Colombianos-botan-9,76-millones-de-toneladas-de-comida-al-a%C3%B1o.aspx

Díaz, C. y Acosta, A. (2010). *Evaluación bromatológica del yacón y aporte nutricional en los animales. Informe del curso de Nutrición Básica.* Bogotá: Universidad de La Salle, Programa de Zootecnia.

Duque, A. y Hernández, U. (2008). *Curso básico de agroecología.* Pereira: Corporación Autónoma Regional de Risaralda, Universidad Tecnológica de Pereira. Recuperado de http://www.utp.edu.co/php/institutoambiental/Curso_Basicos_en_Agroecologia.pdf

Echeverry, C. (2011). *Biotecnología y el sector agropecuario. Foro: Biotecnología y Bionegocios, la oportunidad de inversión de la década en Colombia.* Recuperado de http://www.forossemana.com//doc/Doc-2232_20111213.pdf

Ecoticias. (2012). *Bebida saludable con yacón y maíz*. Recuperado de http://www.ecoticias.com/alimentos/62119/Bebida-saludable-yacon-maiz-morado

Encuesta Nacional Agropecuaria (ENA). (2009). Recuperado de http://www.agronet.gov.co/www/docs_agronet/201046112648_RESULTADOS_ENA_2009.pdf

Espinoza Minaya, P. (2002). *Manual del cultivo de yacón*. Huánuco: s. e.

Estevão, C. (2007). *Deterioro fisiológico poscosecha y mapeo preliminar de QTLs en primer retrocruzamiento derivado del híbrido Inter-específico (CW429-1) entre Manihot esculenta Crantz y la especie silvestre Manihot walkerae Croizat* (tesis inédita de grado). Universidad Nacional de Colombia, Bogotá, Colombia.

Fairlie, T., Morales Bermúdez, M. y Holle, M. (1999). *Raíces y tubérculos andinos. Avance de investigación I. Centro Internacional de la Papa. Consorcio para el desarrollo sostenible de la ecorregión andina (Condesan)*. Lima: Epígrafe.

Fedegán. (2009). *La ganadería colombiana y las cadena láctea y cárnica. Cifras de referencia*. Bogotá: Fedegán.

Fernández, J., Viehmannová, I., Lachman, J. y Milella, L. (2006). Yacón [*Smallanthus sonchifolius* (Poeppig & Endlicher) H. Robinson]: A new crop in the Central Europe. *Plant Soil Environ.*, 52(12), 564-570.

Fisher, G., Miranda, D., Piedrahíta, W. y Romero, J. (2005). *Avances en cultivo, poscosecha y exportacion de la uchuva Physalis peruviana L. en Colombia*. Bogotá: Universidad Nacional de Colombia.

Flores, D. (2010). *Estudio de caso: Yacón (Smallanthus sonchifolius Poepp.)* Recuperado de http://www.biocomercioperu.org/admin/recursos/productos/ESTUDIO CASO-Yacon-NF.pdf

Fonseca, J. (2001). *Tecnología poscosecha de la yuca fresca parafinada para exportación en Costa Rica*. San Pedro: Centro de Investigaciones Agronómicas (CIA), Universidad de Costa Rica.

Food and Agriculture Organization (FAO). (2012). Pérdidas y desperdicios de alimentos en el Mundo. Roma: Food and Agriculture Organization.

Ford, C. Ulloa, J., Catalán, C., Grau, A., Martino, V., Muschietti, L. y Merfort, I. (2015). The sequiterpene lactone polymatin B from *Smallanthus sonchifolius* induces differente cell death mechanisms in three cancer cell lines. *Phytochemistry, 117*, 332-339.

Forville, E., Souza, R. y Ellendersen, L. (2014). Phenolic profile and antioxidant activity of extracts of leaves and flowers of yacon (*Smallanthuns sonchifolius*). *Industrial crops and products, 62*, 499-506.

Gallo, F. (1992). Manejo poscosecha, almacenamiento y transporte de frutas de Colombia. *Acta horticultura*, (310), 155-159.

Gallo, F. (1996). *Manual de fisiología, patología poscosecha y control de calidad de frutas y hortalizas*. Armenia: Convenio Sena-Reino Unido.

García Parra, R. (2000). *Estudio fitoquímico y nutricional del yacón* (tesis inédita de grado). Universidad del Tolima, Ibagué, Colombia.

Gómez, E. (2011). *Recubrimientos para frutas y hortalizas*. V Curso Internacional de Tecnología Poscosecha y Procesado Mínimo. Memorias. Cartagena (España): s. e.

Gómez, J. (2012). Asunto: Programa de Zootecnia [Conversación personal]. Universidad de La Salle.

González, E. (2010). La investigación formativa como una posibilidad para articular las funciones universitarias de la investigación, la extensión y la docencia. *Revista Educación y Pedagogía, 18*(46).

Gordillo, G., Negrón, L., Zúñiga, T., Flores, E., Moreyra, R., Fuertes, C.,... . Quintana, A. (2012). Efecto hipoglicemiante del extracto acuoso de las hojas de *Smallanthus sonchifolius* (yacón) en pacientes con diabetes mellitus tipo 2. *Ciencia e Investigación 15*(1), 42-47.

Graefe, S., Hermann, M., Manrique, L., Golombek, S., Buerkert, A. (2004). Effects of post-harvest treatments on the carbohydrate composition of yacón roots in the Peruvian Andes. *Field Crops Research*, (86), 157-165.

Grau, A. y Rea, R. (1997). *Yacon. Smallanthus sonchifolius (Poepp. & Endl.) H. Robinson*. Universidad Nacional de Tucumán Yerba Buena, Tucumán, Argentina. Andean roots and tubers. Hermann and Heller Editors, Ipgri International Plant Genetic Recources, 202-241. Recuperado de http://www.cipotato.org/market/artchermann/yacon.pdf

Gupta, M. y Calderón, A. (2006). *Estado del arte sobre la utilización industrial de plantas medicinales en la Región Andina*. Ponencia presentada en la Primera Conferencia Regional: El futuro de los productos andinos en la región alta y los valles centrales de los Andes, Lima, Perú. Recuperado de http://www.unido.org/fileadmin/import/58592_pres_medicinales.pdf

Gutiérrez Vargas, L. y Vaca, S. M. (2011). *Evaluación del uso de recubrimientos lipídicos, poliméricos y refrigeración para prolongar la vida útil del yacón* (*Smallantus Sonchifolius*) (tesis inédita de grado). Universidad de La Salle, Bogotá, Colombia.

Havrland, J. L. y Dudjak, E. C. (2004). Saccharides of yacon (*Smallanthus sonchifolius* [Poepp. et Endl.] H. Robinson) tubers and rhizomes and factors affecting their content. *Plant soil environ, 50*(9): 382-390.

Hermann, M. y Heller, J. (1997). *Andean roots and tubers*. Roma: International Plant Genetic Resources (Ipgri).

Hernández, P., Robles, S. y Bernal, L. (2015). Utilización de la harina de hoja de yacón (*Smallanthus sonchifolius*) en la dieta de pollos de engorde y su efecto sobre los parámetros productivos y la integridad intestinal. *Revista Colombiana de Ciencias Pecuarias,* (28), 209.

Hernández, U. (1.º de julio de 2009). Asunto: mi visita a UTP [Mensaje de correo electrónico]. Recuperado de www.hotmail.com

Hernández, U. (2009). Ensayo comparativo de adaptación y rendimiento del yacón (*Smallanthus sonchifolius* [*Poepp.*] *H. Rob.*) en las condiciones de la zona Central Cafetera Colombiana. S. l.: s. e.

Hernann, M. (1999). *Compositional diversity of the yacón storage root*, Lima: s. e.

Inoue, A., Tamogami, H., Kato, H., Nakazato, Y., Akiyama, M. y Kodama, O. (1995). Steroidal saponns from the tubers of *Dichelostemma multiflorum* and their inhibiotry activity on cyclic-AMP Phosphodiesterase. *Phytochemistry*, (39), 1103-1110.

Instituto Colombiano de Bienestar Familiar (ICBF). (2005). *Tabla de composición de alimentos*. Bogotá: ICBF.

Instituto Interamericano de Cooperación para la Agricultura (Iica). (2005). *Buenas prácticas agrícolas: guía para pequeños y medianos agroempresarios.* San José: Instituto Interamericano de Cooperación para la Agricultura.

Jaramillo, J., Rodríguez, V., Guzmán, M., Zapata. M. y Rengifo, T. (2007). *Manual técnico: buenas prácticas agrícolas en la producción de tomate bajo condiciones protegidas*. S. l.: FAO.

Jáuregui, A. M. (2009). *Monografía del yacón Smallanthus sonchifolius (Poepp. & Endl.).* Lima: Perú Biodivereso.

Jiménez, S., García. L., Vélez. C., Alonso, L. y Fernández, A. (2013, enero-junio). Estudio comparativo de conservación de raíces de yuca (*Manihot esculenta Crantz*). *Informador técnico Colombia,* 77(1), 17-21.

Jones, A. L. y Aldwinckle, H. S. (1990). *Compendium of apple and pear diseases. APS Press*. St. Paul, MI: The American Phytopathological Society.

Kader, A. (1992). Postharvest technology of horticulture. *Univ. Calif., Div. of Agr. and Nat. Resources*, (3311), 296.

Kader, A. y Pelayo Zaldivar, C. (2011). Tecnología poscosecha de cultivos hortofrutícolas. *Univ. Calif., Div. of Agr. and Nat. Resources*, (3311), 575.

Koike, A., Murata, T., Matsuda, Y., Masuoka, C., Okamoto, C. y Kabata, K. (2009). Cultivation and ensilage of yacon plants (*Smallanthus sonchifolius* Poepp.& Endl. H. Robinson) and the function of yacon silage. *Japanese Society of Grassland,* 55(1), 4-10

Lanchman, J., Havrland, B. y Fernández, E. (2004). Caracterización física, química y biológica de variedades de Yacón. *Plant Soil Environ, 50*(9) 383-390.

Li, E. (2006). *Estado del arte del sector de plantas medicinales en Perú. Proyecto: el futuro de las plantas medicinales del altiplano y los valles centrales de los Andes.* Viena: Organización de las Naciones Unidas para el Desarrollo Industrial (Onudi). Recuperado de http://www.unido.org/fileadmin/import/69934_PERU_Informe_final_plantas_medicinales_2vf.pdf

López, E. y Paéz, H. (2002). *Comportamiento fisiológico de la uchuva bajo condiciones de refrigeración y películas plásticas para su conservación en poscosecha* (tesis inédita de grado). Universidad Nacional de Colombia, Bogotá, Colombia.

López, T. D. (2007). Valorización de la raíz de yacón: obtención de un jarabe rico en fructooligosacáridos. *Investigación y Desarrollo*, (7), 93-106.

Loyola, N. y Ariola, M. (2012). Alternativas de manejo de poscosecha para pimientos y arándanos orgánicos. En Cecilia Céspedes (ed.), *Producción hortofrutícola orgánica* (pp. 111-122). Chillán: Boletín INIA N° 232. ISSN 0717-4829.

Loyola, N., Oyarce, E. y Acuña, C. (2010). Evaluación del contenido de almidón en papas (*Solanum tuberosum sp., tuberosum cv. Desirée*), producidas en forma orgánica y convencional en la provincia de Curicó, región del Maule. *IDESIA, 28*(2), 41-52.

Machado, S., Oliveira, D., Dip, M. y Menezes, N. (2004). Morfoanatomia do sistema subterrâneo de *Smallanthus sonchifolius* (Poepp. & Endl.) H. Robinson (Asteraceae). *Revista Brasil. Bot., 27*(1), 115-123.

Machuca Vilchez, F. (2007). *Análisis y recomendaciones en la cadena de valor del yacón en la región Cajamarca.* Lima: Perú Biodiverso.

Madrygal, L. y Sangronis, E. (2007). La inulina y derivados como ingredientes claves en alimentos funcionales. *Archivos Latinoamericanos de Nutrición, 57*(4).

Manrique, I. (15-19 de octubre de 2003). *El potencial del yacón en la salud y la nutrición.* Ponencia presentada en el XI Congreso Internacional de Cultivos Andinos, Cochabamba.

Manrique, I., Hermann, M. y Bernet, T. (2004). *Yacón.* Ficha técnica. Lima: Centro Internacional de la Papa. Recuperado de www.cipotato.org/artc/cipcrops/fichatecnicayacon.pdf

Manrique, I., Párraga, A. y Hermann, M. (2005a). *Conservación y uso de la biodiversidad de raíces y tubérculos andinos: una década de investigación para el desarrollo (1993-2003).* Lima: Centro Internacional de la Papa.

Manrique, I., Párraga, A. y Hermann, M. (2005b). Jarabe de yacón: principios y procesamiento. En *Conservación y uso de la biodiversidad de raíces y tubérculos andinos: una década de investigación para el desarrollo.* Lima: Centro Internacional de la Papa.

Mansilla, R., López, C., Blas, R., Chia, J. y Baudoin, J. (2006). Análisis de la variabilidad molecular de una colección peruana de *Smallanthus sonchifolius* (Poepp & Endl) H. Robinson "yacón". *Ecología Aplicada,* 5(1, 2).

Martínez, J. (2009). Ficha técnica yacón. Recuperado de http://www.rpan.org/principal/catalogo/96%20YACON%20r-PAN.pdf

Melgarejo Ponce, D. (1999). *Potencial productivo de la colección nacional del yacón (Smallanthus sonchifolius Poepping & Endlicher) H. Robinson, bajo condiciones de Oxapampa* (tesis inédita de grado). Universidad Nacional Alcides Carrión, Oxapamapa, Perú.

MercadoLibre Colombia. *Yacón.* Recuperado de http://listado.mercadolibre.com.co/yac%C3%B3n#D[A:yacón-

Ministerio de Comercio Exterior y Turismo de Perú. (2009). *Guía de envases y embalajes.* Recuperado de http://www.mincetur.gob.pe/comercio/ueperu/consultora/docs_taller/envases%20y%20embalajes.pdf

Miyahira, J. (2009). La investigación formativa y la formación para la investigación en el pregrado. *Rev Med Hered, 20*(3), 4 p. Recuperado de http://www.scielo.org.pe/pdf/rmh/v20n3/v20n3e1.pdf

Moneta, D. (24 de agosto de 2009). Asunto Re: saludos! [Mensaje de correo electrónico]. Recuperado de _ingmonetada@yahoo.com.ar_

Montes, J. y Arévalo. S. *Determinación del calor de respiración de frutas por el método por el método de titulación. Revista Amazónica de Investigación Alimentaria,* 2(1), 27-37.

Moya, A. (6 de octubre de 2014a). Costos de producción de yacón [Mensaje de correo electrónico]. Recuperado de https://outlook.live.com

Moya A. (6 de octubre de 2014b). Listado de productores de yacón en Cundinamarca [Mensaje de correo electrónico]. Recuperado de https://outlook.live.com

Moya, A. y Rodríguez, G. 2010. *Parque Temático Chaquén: el primer parque de la salud ambiental en zona rural en Colombia.* Montpellier: Isda. Recuperado de http://www.isda2010.net/var/isda2010/storage/original/application/61a17f33258c60b5ab60e3f8f90d40f0.pdf

Muñoz, A. (2010). *Yacón (Smallanthus sonchifolius).* Recuperado https://es.scribd.com/document/74320069/MONOGRAFIA-YACON

Muñoz, A., Blanco, T., Serván, K. y Alvarado Ortiz, C. (2006). Evaluación del contenido nutricional de yacón *(Polimnia sonchifolia)* procedente de sus principales zonas de producción nacional. *Revista Horizonte Médico,* 6(2).

National Academy of Sciences. (1989). *Lost crops of the Incas: Little-known plants of the Andes with promise for worldwide cultivation*. Washington. D. C.: Ad Hoc Panel of the Advisory Committee on Technology Innovation, Board on Science and Technology for International Development, National Research Council. National Academy Press. Recuperado de http://www.nap.edu/openbook.php?record_id=1398&page=120

Norma Andina NA-0087 (2010), por la cual se establecen las definiciones, clasificación y requisitos que deben cumplir las raíces reservantes del yacón *(Smallanthus sonchifolius)* destinado para consumo humano directo o uso industrial. *Gaceta oficial del Acuerdo de Cartagena* n.º 1859.

Noticias Caracol. (30 de octubre de 2013). *El Yacón, regulador de los niveles de azúcar* [video]. Caracol. Recuperado de http://www.youtube.com/watch?v=OSgxd716Xoc

Núñez Gorritti, M. (2002). Evaluación de la exportación del yacón producido en el Perú, teniendo como destino el Japón. *Anales Científicos, 50*, 283-301.

Oficina Comercial de Perú en Miami. (2012). *Mercado de yacón en Estados Unidos. Perfil del producto*. Recuperado de http://www.siicex.gob.pe/siicex/documentosportal/alertas/documento/doc/747142775rad08B8C.pdf

Ojansivu, I., Ferreira, L. y Salminen, S. (2011). Yacon, a new source of prebiotic oligosaccharides with a history of safe use. *Trends in Food Science & Technology*, 22(1), 40-46.

Organización de las Naciones Unidas para el Desarrollo Industrial. (2006). El futuro de los productos andinos en la región alta y los valles centrales de los Andes. Informe roadmapping Perú. Recuperado de http://www.unido.org/fileadmin/import/69929_Informe__Informe_nacional__PERU.pdf

Organización Interprofesional de frutas y hortalizas de Andalucía. (2002). Hortifruta. Segundo balance de actuaciones. Recuperado de http://www.hortyfruta.es/Images/2%C2%BA%20Balance%20de%20actuaciones%20Hortyfruta.pdf

Orozco, J., Correa, L., Pacheco, N., Guerra, P., Sáenz, S., y Acero, V. (2011). Comparación de la suplementación con heno y concentrado vs. Soya (Glycine max) y Yacón (*Smallanthus sonchifolius*) en producción de leche en cabras en el Municipio de Cota, Cundinamarca. Memorias del XLVI Congreso Nacional de Ciencias Biológicas, Medellín, 11 al 15 de octubre. *Revista Colombiana de Ciencias biológicas.*

Ortega, L. (Director desconocido). *Proyecto San Francisco, agricultura limpia* [video]. Emprendimiento personal. Recuperado de http://www.youtube.com/watch?v=LZf6RmZEcI8

Osorio, M. (2008). La investigación formativa o la posibilidad de generar cultura investigativa en la educación superior (tesis inédita de grado). Universidad de Antioquia, Facultad de Educación, Medellín, Colombia.

Otálora, J. (Febrero de 2012). Asunto: Centro de Investigación y Capacitación Santa María [comunicación personal]. Universidad de La Salle.

Pardo, L. (2006). *El yacón: análisis de producción y mercadeo para su desarrollo en Salta y Jujuy, Argentina*. Salta: Universidad Nacional de Salta.

Parra Coronado, A., Hernández, J. y Camacho, J. (2008). Estudio fisiológico poscosecha y evaluación de la calidad de la ciruela variedad Horvin (*prunus domestica l.*) bajo tres condiciones de almacenamiento refrigerado. *Dialnet, 28*(1), 99-104.

Pastor, S. (2004). *Manejo de la biotecnología apropiada para pequeños productores: estudio de caso*. Lima: Redbio, Food and Agriculture Organization.

Penagos, Á. (2011). *Política para el desarrollo comercial de la biotecnología a partir del uso sostenible de la biodiversidad*. Bogotá: Departamento Nacional de Planeación, Dirección de Desarrollo Rural Sostenible. Recuperado de http://www.forossemana.com//doc/Doc-2238_20111213.pdf

Pérez, M. B., Valencia, S. A., Del Río, M. A. y Palou, L. L. (2010). Effect of antifungal hydroxypropyl methylcellulose (HPMC)-lipid edible composite coatings on postharvest decay development and postharvest quality of cold-stored 'Ortanique' mandarins. *J. Food Sci., 75*, S418-S426.

Perú Biodiverso. (2010). *Agenda de investigación e innovación para el biocomercio*. Lima: Gobierno de Perú.

Perú Biodiverso. (2013). *La cadena de valor del yacón en la región Cajamarca. Análisis y lineamientos estratégicos para su desarrollo*. Lima: Cooperación Alemana al Desarrollo, Agencia de la GIZ en el Perú.

Plásticos Enres S. A. de C. V. Recuperado de https://plasticosenres.com/productos/peliculas-para-empaque-industrial/pelicula-estirable-stretch-de-polietileno/

Polanco, M. (2008). *El cultivo del yacón (Smallanthus sonchifolius Poep. & Endl) H. Robinson*. Medellín: Unad Cead.

Productores y Mercados del Agro de la Sierra (Pymagros). (2005). *Manual del cultivo del yacón*. Cajamarca, Pymagros. Recuperado de: http://www.asocam.org/biblioteca/files/original/74455093814a213d6976637f4f71ad5f.pdf

Promotora de obras sociales y de instrucción popular (Prosip). (2006). *Memorias 2005-2006*. Lima: Prosip.

Promperú. (2010). *Perú productos naturales. Comisión de Promoción del Perú para la Exportación y el Turismo*. Lima: Coordinación Programa Nacional de Promoción de Biocomercio y Unidad de Audiovisuales y Publicaciones.

Radio Nacional de Colombia. (3 de julio de 2014). Yacón: una nueva alternativa para los diabéticos. Recuperado de http://www.radionacional.co/noticia/yac-n-una-nueva-alternativa-para-los-diab-ticosRaimondo, E., Espejo, C. (2002). Envases para frutas y hortalizas frescas. *Rev. FCA UN Cuyo, 34*(1).

Ramírez, A., Molano, D. y Bernal, L. (2011). Utilización de Sambucus nigra y *Smallanthus sonchifolius* sobre los parámetros productivos y la digestibilidad fecal aparente de la materia seca en el levante de conejos. *Rev Colomb Cienc Pecu, 24*(3), 498.

Ramírez, B. (2012). *Alimentos funcionales: inulina, oligofructosa y polidextrosa como prebióticos*. Recuperado de http://www.elportaldelasalud.com/index2.php?option=com_content&do_pdf=1&id=83

Restrepo Gómez, B. (2003). *Conceptos y aplicaciones de la investigación formativa y criterios para evaluar la investigación científica en sentido estricto*. Bogotá: CNA.

Rivas Caballero, R. (2004). *El yacón, su cultivo en el valle de Oxapampa y potencial uso* (monografía inédita). Universidad Nacional Agraria La Molina, Lima.

Rodríguez, C. (2011). *Retos regulatorios: acceso a recursos genéticos y derivados*. Bogotá: Ministerio de Ambiente y Desarrollo Sostenible. Recuperado de http://www.forossemana.com//doc/Doc-2233_20111213.pdf

Roger, A. (1998). *Defectos y alteraciones de los frutos cítricos en su comercialización*. Valencia: Organismos Oficiales.

Salvador, A., Navarro, P., Martínez Jávega, J. (2007). S. d. Ponencia presentada en el XI Simposio Internacional de Citricultura, México.

Sánchez, J., Hennessey, L. y Torres, E. (2014). Efectos fisiológicos de badea (*Passiflora quadrangularis*) y yuca (*Manihot esculenta*) utilizando recubrimientos a base de cera y parafina bajo conservación en frío. *Revista Colombiana de Investigaciones, 11*(1).

Santana, I. y Cardoso, M. (2008). Raíz tuberosa de yacón (*Smallanthus sonchifolius*): potencialidade de cultivo, aspectos tecnológicos e nutricionais. *Ciencia Rural, 38*(3), 898-905.

Schorr, K., Mefort, L. y Da Costa, F. (2007). A novel dimeric melampolide and further terpenoids from *Smallanthus sonchifolius* (Asteraceae) and the inhibition of the transcription factor NF-kB. *Natural Products Communications, 2*, 367-374.

Scott, G. J., Best, R., Rosegrant, M. y Bokanga, M. (2000). *Roots and tubers in the global food system: A vision statement to the year 2020*. Lima: International Potato Center.

Seminario Cunya, J. (2008). *Manejo técnico productivo del cultivo de yacón. Módulo II. La propagación del yacón*. Lima: Perú Biodiverso.

Seminario, J. (Ed). (2004). *Raíces andinas: contribuciones al conocimiento y a la capacitación. Serie: Conservación y uso de la biodiversidad de raíces y tubérculos andinos: una década de investigación para el desarrollo (1993-2003) Nº 6.* Lima: Universidad Nacional de Cajamarca, Centro Internacional de la Papa, Agencia Suiza para el Desarrollo y la Cooperación.

Seminario, J., Valderrama, M. y Manrique, I. (2003). *El yacón. Fundamentos para el aprovechamiento de un recurso promisorio.* Lima: Centro Internacional de la Papa (CIP), Universidad Nacional de Cajamarca, Agencia Suiza para el Desarrollo y la Cooperación (Cosude).

Simonovska, B., Vovk, I., Andrensek, S., Valentová, K. y Ulrichová, J. (2003). Investigation of phenolic acids in yacon (*Smallanthus sonchifolius*) leaves and tubers. *Journal of Cromatography, A1016*, 89-98.

Sotelo, R. y Acevedo, G. (2009). Conservación de las raíces frescas de la yuca (*Manihot esculenta Crantz*) aplicándole el proceso de parafinado. *Revista Científica Nexos, 21*(2).

Sotomayor, M. (2004). Variabilidad del germoplasma de raíces andinas del Iniea del norte del Perú. Standley y *Smallanthus sonchifolius* (tesis inédita de grado). Universidad Nacional Agraria La Molina, Lima, Perú.

Tapia. M y Fries, A. (S. f.). *Guía de campo de los cultivos andinos. Agronomía de los cultivos andinos.*

Tejeiro, C., Pinzón, L. y Bernal, L. (2013). *Nutritive value and fermentation parameter of Yacón (Smallanthus sonchifolius), Orange (citrus sinensis) and pineapple shell (Ananas comosus) ensiled in different mixture in Colombia.* Ponencia presentada en el III International Symposium on Forage Quality and Conservation. Campinas, Brazil.

Tello, M. (2002). *Caracterización morfológica y molecular de genotipos de yacón (Smallanthus sonchifolius) provenientes del departamento de Huánuco* (tesis inédita de maestría). Universidad Nacional Agraria la Molina, Lima, Perú.

Torres, A. (2004). *Estudio del mercado de edulcorantes naturales.* Bogotá: Instituto de Investigación de Recursos Biológicos Alexander von Humboldt, Proyecto Conservación y uso sostenible de la biodiversidad en los Andes.

Universidad de La Sabana. (2007). *Glosario de términos académicos pertinentes a la actividad docente, investigativa y de extensión de la Universidad de La Sabana.* Recuperado de http://sabanet.unisabana.edu.co/admon/direccion_docencia/Documentos%20hipervinculo/Glosario%20de%20t%C3%A9rminos%20acad%C3%A9micos%20-%20Versi%C3%B3n%20Septiembre%202007.pdf

Universidad Nacional Agraria la Molina. (2000). *Investigaciones en yacón*. Lima: Universidad Nacional Agraria La Molina. Recuperado de: http://www.lamolina.edu.pe/investigacion/programa/yacon/yacon.htm

Universidad Nacional Agraria La Molina. (2010). *Programa de investigacion y proyección social en raíces y tuberosas*. Recuperado el 6 de junio de 2010 de http://www.lamolina.edu.pe/Investigacion/programa/papa/pips_rt/index.html

Valderrama, R., Acero, A. y Díaz, A. (2006). *Experiencia de técnicas de propagación vegetativa para la producción comercial de Yacón*. Bogotá: Agencia Suiza para el Desarrollo y la Cooperación. Publicaciones del Proyecto Pymagros.

Valentová, K. y Ulrichová, J. (2003). *Smallanthus sonchifolius* and *lepidium meyenii*. Prospective Andean crops for the prevention of chronic diseases. *Biomed. Papers 147*(2), 119-130.

Valentová, K., Moncon, K. y Ulrichová, A. (2005). The effect of *Smallanthus sonchifolius* leaf extracts on rat hepatic metabolism. *Cell Biology and Toxicology, 20*, 109-120.

Vargas, S. (2010). *Investigando para innovar, innovando para investigar. La experiencia de Incagro. Proyecto de investigación y extensión agrícola Incagro. Tangram. Informe de resultados*. Lima: Imprenta Editorial Supergráfica.

Vázquez Briones, M. y Guerrero Beltrán, J. (2013). Recubrimientos de frutas con biopelículas. *Temas Selectos de Ingeniería de Alimentos, 7*(2) 5-14.

Verástegui, J. (2007). *Los alimentos funcionales, la biotecnología y la cooperación Europa-América Latina: el Proyecto Eulaff Redbio 2007*. Ponencia presentada en el VI Encuentro Latinoamericano de Biotecnología Agropecuaria. Recuperado de http://www.efb-central.org/images/uploads/Los_Alimentos_Funcionales_La_Biotechnolog%C3%ADa_y_La_Cooperaci%C3%B3n_Europa_Am%C3%A9rica_Latina_El_Proyecto_EULAFF.pdf

Vilhena, S. M. C., Câmara, F. L. A. y Kakihara, S. T. (2000). O cultivo de yacon no Brasil. *Horticultura Brasileira, 18*(1), 5-8.

Villagómez, V. (2008). *Kawa llacta micuy: Occa, Añu, Olloco, Llacuma, Achira, Arracacha, Maka*. Lima: Departamento de Fitotecnia, Universidad Nacional Agraria La Molina.

Villagómez, V. (2010). [Información personal]. Lima: Universidad Nacional Agraria La Molina.

Weaver, C. (2004). Inulin, oligofructose and bone health: Experimental approaches and mechanisms. *Feelgood Factors*, 44.

Wheatley, C. *Métodos para agregar valor agregado a raíces y tubérculos alimenticios*. Palmira: Centro Internacional de Agricultura Tropical.

Wolfe, D. (2009). *Superfoods: The food and medicine of the future*. Berkeley: Library of Congress, North Atlantic Books. Recuperado de http://books.google.com/books?id=b1_zoONmX6EC&pg=PT283&dq=yac%C3%B3n&hl=es&ei=B9ZNTdvBMITHgAel4fhC&sa=X&oi=book_result&ct=result&resnum=6&ved=0CD8Q6AEwBTg8#v=onepage&q&f=false

Xie, W., Li, J. y Li, H. (2008). Study on chemical constituents of Smallanthus sonchifolius. *Journal of Chinese Medicinal Materials, 31*, 1510-1512.

Yáñez, L. (2015). Preenfriamiento, tipos y aplicaciones. *Mundo HVACR*. Recuperado de https://www.google.com.co/webhp?sourceid=chrome-instant&ion=1&espv=2&ie=UTF-8#q=Mundo+HVACR+preenfriamiento%2C+

Zuloaga, K. (2009). *Análisis de la competitividad del sector biocomercio en Colombia en comparación con Perú* (monografía inédita de grado). Universidad Colegio Mayor de Nuestra Señora del Rosario, Bogotá, Colombia.

El cuerpo de texto del libro
está compuesto en tipos Adobe Hebrew 11/14,88.
Esta obra se imprimió en los talleres de
CMYK Diseño e Impresos SAS
con un tiraje de 500 ejemplares.
Universidad de La Salle
Noviembre del 2016

Made in the USA
Monee, IL
18 October 2026

66036003R10129